科普演讲
就该这么讲

献礼中国科普作家协会成立40周年
1979—2019

《科普演讲就该这么讲》编委会 编著

中国大百科全书出版社
Encyclopedia of China Publishing House

图书在版编目（CIP）数据

科普演讲就该这么讲 / 《科普演讲就该这么讲》编委会编著. —北京：中国大百科全书出版社，2019.7

ISBN 978-7-5202-0517-7

Ⅰ.①科… Ⅱ.①科… Ⅲ.①科学普及–演讲–基本知识 Ⅳ.①N4

中国版本图书馆CIP数据核字（2019）第140730号

责任编辑：黄佳辉

责任印制：邹景峰

装帧设计：周旻琪

出版发行：中国大百科全书出版社

社　　址：北京市西城区阜成门北大街17号

邮政编码：100037

电　　话：010–88390718

网　　址：www.ecph.com.cn

印　　刷：北京地大彩印有限公司

开　　本：880mm×1230mm　1/32

字　　数：150千字

印　　张：9.375

版　　次：2019年7月第1版

印　　次：2019年7月第1次印刷

ISBN 978-7-5202-0517-7

定　　价：68.00元

#《科普演讲就该这么讲》编委会

主　编　赵育青

副主编　焦国力

编　委　（按姓氏笔画排序）

刘金霞　孙　怡　李国强

沙锦飞　魏红祥

前 言

科普演讲是科学普及的重要形式，也是广大群众喜闻乐见的科普形式，它伴随着科学的发展而不断完善，在提高国民科学素养上发挥着越来越重要的作用。《中华人民共和国科学技术普及法》的颁布，使通过演讲的形式对大众进行科学教育有了法律上的指导。全国各地每年都在组织不同形式和规模的科普演讲活动，科普演讲周、科普演讲月、科普演讲巡回报告等遍布城镇乡村，通过科普演讲受益的人数也逐年增加，有效地增强、培养了国民的学科意识、科学精神。

为了进一步加强科普演讲的理论研究，促进科普演讲工作的健康发展，在中国科学普及研究所和中国科普作家协会的大力支持下，科普作家演讲团精心选调人员组成“科普演讲研究”课题组。这项研究旨在系统总结科普演讲的成功经验，探索演讲的特点规律，寻求完善演讲的方法技巧，提升演讲的认知度、审美水平，为建设科普演讲队伍提供理论支持。

本课题的研究人员均长期从事相关专业的科研和管理工

作，具有较为深厚的研究基础，他们也是科普演讲工作的一线人员，具备丰富的演讲实践经验。书中的内容为研究人员多年来的实践积累和研究心得，同时也吸收了部分国内外同行的研究成果。本书可作为科普演讲人员的培训教材使用，也可作为志愿从事科普演讲工作的科技人员的参考读物。

本书分为八章。第一章系统地探讨了科普演讲的基础理论，从社会学的角度，综合阐述了科普演讲的基本属性、作用和社会意义，本章由副研究员沙锦飞撰写。第二章围绕科普与演讲，对科普教育的特点规律、科普演讲的五个要素等内容进行了深入阐述，本章由副研究员沙锦飞撰写。第三章从分析演讲方法技巧对演讲效果的影响入手，系统归纳了科普演讲的一般方法；按照科普演讲的工作流程，总结提炼了科普演讲各阶段应采用的方法技巧；通过对比科普演讲方法与一般课堂教学方法的异同，阐述了科普演讲方法的特点，本章由副研究员赵育青撰写。第四章对科普演讲的审美进行了论述，对科普演讲的审美需求、检验方法，以及科普演讲的内容美、风格美等方面作了深刻剖析，阐明了科普演讲中的审美规律，本章由焦国力教授撰写。第五章从故事的概念、好故事的基本要素讲起，深入分析了科普演讲中故事不可替代的作用，同时讲解了科普演讲中选取故事的原则、深入浅出讲故事的方法，本章由一级作家刘金霞（霞子）撰写。第六章论述了科学实验与演示在科普演讲中的作用，从理论与实践相结合的角度出发，综合归纳了科普演讲中实验与演示的基本方法、注意事项及特殊情况的处置等，本章由副研究员魏红祥撰写。第七章主要研究了科普演讲中语言的运用，在借鉴一般性语言运用方法的基础上，针对科普演讲对语言要求的特点，详细讲解了演讲中声音和气息的把握、重音和停顿的运用等基本理论，本章由高级编辑、一级播音员孙怡（小雨姐姐）撰写。第八章详细分析了科普演讲不同受众的特点，以及不同专业科普演讲方式的区别，深入探讨了增强科普演讲针对性的问题，本章由李国强教授撰写。全书由赵育青副研究员统稿。

本书的撰写得到了中国科普研究所原所长王康友教授、中国科普作家协会秘书长陈玲研究员的指导与帮助，同时，中国科普作家协会李珊珊、谢丹杨也对本书的撰写给予了大力支持，在此表示衷心的感谢！

目　录
CONTENTS

第一章　引领未来智慧的科普

第一节　科普是“必需品”// 3

第二节　演讲的力量 // 17

第三节　演讲的起源和发展 // 22

第四节　现代科普演讲 // 28

第二章　科普与演讲

第一节　科普演讲的主体 // 43

第二节　科普演讲的五个要素 // 47

第三节　科普演讲的基础 // 49

第四节　科普演讲的目标 // 53

第三章　科普演讲的方法技巧

第一节　为什么要运用演讲方法技巧？ // 60

第二节　如何选择演讲技巧？ // 64

第三节　演讲的一般方法 // 71

第四节　准备演讲阶段的技巧 // 82

第五节　实施演讲阶段的技巧 // 98

第六节　总结梳理阶段的技巧 // 107

第七节　完善提高阶段的技巧 // 113

第八节　演讲方法 vs 传统课堂教学方法 // 118

第四章　科普演讲的审美与风格

第一节　科普演讲需要审美 // 133

第二节　科普演讲内容的审美 // 141

第三节　科普演讲的风格 // 144

第四节　科普演讲的情感力量 // 150

第五节　科普演讲的开场白 // 155

第六节　多媒体课件对科普演讲审美的影响 // 163

第七节　利用好肢体语言 // 165

第五章　科普演讲如何讲故事

第一节　什么是故事？ // 173

第二节　科普演讲中如何讲故事？ // 178

第三节　科普演讲中故事的“深入”与“浅出” // 187

第四节　科普演讲中的故事采集 // 196

第六章　科学实验与演示在科普演讲中的运用

第一节　科学实验的作用 // 203

第二节　科学实验在准备时应把握的问题 // 206
第三节　科学实验在演示时应注意的问题 // 210
第四节　演示完成后应注意的问题 // 214
第五节　科学实验在演示时的局限性及解决办法 // 216
第六节　演示中紧急情况的应对与处理 // 219

第七章　科普演讲中的语言运用

第一节　科普演讲对语言、声音的要求 // 223
第二节　科普演讲中声音和气息的把握 // 226
第三节　科普演讲中重音和停顿的运用 // 237
第四节　科普演讲中语言的节奏 // 245
第五节　科普演讲对嗓音的要求 // 248
第六节　科普演讲中话筒的运用 // 262

第八章　科普演讲的不同受众及专业特点

第一节　科普演讲的不同受众 // 267
第二节　针对不同受众的演讲对策 // 277
第三节　科普演讲的专业特点 // 283
第四节　科普演讲的受众与专业的关系 // 284

参考文献 // 288

第一章

引领未来智慧的科普

第一节
科普是“必需品”

科普是指利用各种公众易于理解接受的方式普及科学知识、传播科学思想、弘扬科学精神、倡导科学方法以及推广科学技术应用的活动。科普演讲是科普活动中运用广泛、形式活跃且为受众喜闻乐见的一种形式。

对科普演讲进行系统探讨前，有必要从科普的社会学角度上，对科普作出一个新的诠释。科普是社会教育的一种主要方式和重要内容。这在社会学意义上是作为人的社会化和再社会化的重要组成部分而存在的。因此，科普既不同于家庭教育、学校教育，更不同于职业教育，它的基本特点是：社会性、群众性和持续性。

人的社会化

人的社会化和再社会化是社会学上的重要概念。社会学认为，人除了具有自然属性之外，更是具有社会属性的，是属于一种特定的文化，并且认同这种文化，在这种文化的支配下存在的生物个体。

人的社会化是指人接受社会文化的过程，即指自然人成长为社会人的过程。刚刚出生的人，仅仅是生理特征上具有人类特征的一个生物，而不是社会学意义的人。刚刚出生的婴儿不具备这些品质，因此他必须度过一个特定的社会化期，以熟悉各种生活技能，获得个性和学习社会或群体的各种习惯，接受社会的教化，遵从社会的价值观、道德规范、行为准则等。人的社会化就是由自然属性的人到同时也具备了社会属性的人的转变过程。社会化是人类特有的行为，是只有在人类社会中才能实现的，一个个体自身的社会化过程始于家庭、学校的教育，而社会教育是家庭教育、学校教育之外不可或缺的重要补充。教育是社会化的主要途径，并由此完成人的社会化过程。同时人类社会是一个不断发展变化和不断自我完善的有机体，人在基本完成社会化过程之后进入社会，成为具备基本社会属性的人，但不是一劳永逸的，他必须随着社会的发展变化不断再社会化，才能保持与社会进步的同步，才能不被社会发展所抛弃。人的再社会化则是人的社会化的延续与深化。

科技的发展影响着社会的发展，从这个意义上讲，人的再社会化不可能是一蹴而就的，它伴随着人的一生。人的社会化主要由家庭教育、学校教育来完成。人的再社会化则主要由人的自我教育和社会教育来完成，其中社会教育担当了更为重要的角色。

因此，科普作为社会教育的主要方式和重要的组成部分，在人的社会化和再社会化过程中具有非常重要的社会意义。

（一）人的社会化的功能

从文化角度看，人的社会化是文化延续和传递的过程，个人社会化的实质是社会文化的内化。

美国著名社会学家威廉·菲尔丁·奥格本对社会现象中的文化因素进行了深入探讨，认为人的社会化是指个人接受世代积累的文化遗产、保持社会文化的传递和延续社会生活。这种观点反映了文化延续在人的社会化中的重要性。从社会结构角度看，学习、扮演社会角色，就是社会化的本质任务。结构功能主义的代表人物、美国著名社会学家塔尔科特·帕森斯指出，社会没有必要把人性陶冶得完全符合自己的要求，而只需使人们知道社会对不同角色的具体要求就可以了。他认为角色学习过程即社会化过程。在这个过程中，个人逐渐了解自己在群体或社会结构中的地位，领悟并遵从群体和社会对自己的角色期待，学会如何顺利完成角色义务。社会化的功能在于维持和发展社会结构。

（二）人的社会化的内容

人的社会化的内容非常广泛，一般而言可以从三个角度来概括社会化的基本内容。

一是促进人格的形成和发展，培养自我观念。人格是指人的个性特征及所持的价值标准，它是一个人具有的比较稳定的生理、心理素质和社会行为特征的总和。人格的形成和发展，主要受一个人所处的社会物质生活条件和所受教育的影响，以及他所参与的各种社会活动的影响，社会化对于人格的形成起着重要作用。每个人都有自己的个性特征，但是在正常的社会化过程形成和发展起来的个性之间也存在共同点，即都应是符合社会价值标准的个性。社会学研究社会化问题就是要促进这种个性的形成和发展。个性与社会价值标准吻合，人能够有效地参与社会生活，社会学称之为个性调适或人格调适。相反，如果两者脱节，不能有效地参与社会生活，称为人格解组。个性的核心内容及形成、发展的标志是自我。自我也称自我意识、自我观念，它是指个体对自己存在状态的觉察和认识。这里包括对自己的生理状况——身高、体重、形态等，对自己的心理特征——兴趣爱好、能力、性格、气质等，以及自己与他人的关系、自己在社会和群体中的位置与作用等一系列涉及认识自己的内心活动。培养和塑造个人什么样的自我观念对个人和社会来说是极为重要的基础。培养完善的自我观念，就是要人们把对自己的认识与社会规范协调一致，就是要使人们在经历了社会化过程之后，从外在行为到内心世界尽可能地合乎社会的需要。现实生活中，同一社会化模式培养的社会成员并不完全一样，每个人都有自己独特的风格，人与人之间存在着差异。因为社会化不仅仅是社会教化。个人学习社会文化，取得社会成员资格的过程，同时也是个人通过学习，积累社会知识，发展和形成自己个性的过程。人的个性，以先天素质为基础，受环境制约和影响，随着个人社会化的进程而逐步形成和发展起来。一方面，社会化使得生活在同一地区，同一时代的人的个性具有一些共同的特征，即每人的个性中都会内在地包含地域性、时代性等共性的东西，这是社会文化传递的结果。如不同国家的国民性就是属于社会成员个性之中的共性因素。另一方面，社会化又不可能造就具有完全相同个性的个人。主要原因在于：一是每个人都有自己独特的遗传因素；二是每个人都有自己特殊的社会生活环境和生活经历；三是个人在社会化过程中具有能动作用。虽然，个人在社会化过程中会有一些身不由己的因素制约自己的活动，但是面对社会，个人并非是消极被动的，在一定范围内是拥有选择的余地的。因而，我们在现实生活中看到的是，同在一个家庭中长大的兄弟姐妹，性格特征存在很大差异，甚至相反。所以，社会化既造就了人的社会共性，又塑造了人的独特个性，是人的社会共性与独特个性的有机统一的过程。

二是内化价值观念，传递社会文化。从社会化的角度研究文化的传递模式，认为社会化是社会文化的传递过程，社会化的内容就是个人学习和掌握社会文化。一般说来，社会文化的核心内容包括价值体系、社会规范两大部分。个人通过社会化过程将社会价值观念内化，学习和掌握社会规范。在社会学看来，这一过程对于个人人格的形成和发展，自我观念的完善，以及个人在特定社会结构中的角色扮演具有重要意义。社会要正常运行，人与人交往要顺利进行，都要有一定的行为规范。正是社会化的过程把各种规范灌输给儿童，使一个不谙世事的孩童成长为一个遵纪守法、彬彬有礼的公民。对于社会的意义在于，这一过程事实上就是社会文化的继承、传递和延续。

三是掌握生活技能，培养社会角色。社会化研究的社会结构模式认为，社会要使人们知道社会对不同角色的具体要求。社会化过程就是角色学习的过程，角色学习首先必须以基本生活技能和某些专门技能的掌握为基础，在此基础上了解自己在群体或社会关系中的地位，按社会结构中所规定的规范行事。初生的婴儿除了吸奶等本能外，对其他生活知识一无所知。父母首先承担起传授生活知识的任务，教孩子说话、吃饭、穿衣，并且是运用一定的文化模式来传授这些基本生活知识的。在传统的农业社会，大多是子承父业，因此职业训练大多是在家庭中进行的。在现代社会，职业训练多由专门的学校、企业来完成。社会化的最终结果，就是要培养出符合社会要求的社会成员，使其在社会生活中承担起特定的责任、权利和义务。社会学的社会化研究就是要考察和解决这样的问题，即有助于把人推到一定社会结构之中，并去充分发挥角色的条件和机制。

科学普及教育天然地成为人的社会化过程中相当重要的内容和手段，尤其是在科学技术日新月异的现代社会，科普的社会学意义则更加明显。

定义科普——启迪科学思维

人类历史的发展进程无可辩驳地证明：科学技术是人类进步和社会发展巨大而重要的推动力。作为科学技术通向人类社会桥梁的科普，则是人类社会进步和发展不可或缺的主题，是必需品。

从科学社会学的角度看，科学普及是一种广泛的社会现象，它与科学技术的发展相生相伴、相辅相承，其存在的必然性和价值就在于人与自然、人与科学、人与社会的相互依存关系和相互促进作用。科学技术发展的需要与人类社会发展的需要之间的相互作用催生了科学普及，科学技术和社会的发展进步则为科学普及持续提供着能量，这就使得科学普及具备了鲜活的生命力、丰富的社会性和鲜明的时代性。可以这样说，科学普及是以人为主体，以社会需求为基础，以新知识、新技术为载体，以启迪科学思维、弘扬科学精神为重点，以传播和教育为主要形式，以促进人类社会持续健康发展为任务的一项伟大的社会事业。

中华人民共和国成立以来，政府一贯重视科学普及工作。20 世纪 50 年代的“扫盲”工作中，就积累了相当丰富的科普经验。在扫除文盲的过程中，同步向社会公众普及了科学知识，推广了科学技术应用。工厂以工人为骨干的技术革新活动进行得如火如荼，广大农村地区也大兴科学种田之风，成果卓著，同时积极传播科学思想，弘扬科学精神，破除封建迷信，树立了良好的社会新风尚。科学普及在建设新中国的进程中发挥了极其重要的作用，以科学普及为首要任务的中国科学技术协会也正是在那样的背景下成立的。

科学普及又是一项量大面广的社会性工作，而“能者为师”是群众性社会教育的一个显著特点，科学普及并非是某个部门、少数专职人员就能够完成好的一项巨量而烦琐的工作。在一定意义上讲，社会上的每一个人都是科普对象，而每个人又都可能成为科普工作者。然而，科普工作仍然需要有相对固定的基本队伍，除了专业的科普工作者队伍之外，各行各业的广大科技工作者是科普工作的重要有生力量。现代科学技术是一个极其庞大而复杂的立体结构体系，具有丰富的内涵和多种社会职能。积极从事科普工作是广大科技工作者应尽的社会责任。

在科普工作中，既要注重科技知识的功能，又不可忽视其内在的科学思想、科学方法和科学精神。在知识信息中含有四个不同层次（即数据、信息、知识和智能），占据最高层次的智能才是构成科学文化素质的最具活性的元素，而这对身处不同岗位的各级领导干部和科技工作管理者来说，尤为重要。科学普及在全面提高全民科学文化素质方面发挥着重要的功能性作用，而人的科学文化素质决定着一个社会发展的水平和质量。

从本质上来说，科学普及是一种社会教育。作为社会教育它既不同于学校教育，也不同于职业教育，其基本特点是：社会性、群众性和持续性。科学普及的特点表明，科普工作必须运用社会化、群众化和经常化的科普方式，充分利用现代社会的多种流通渠道和信息传播媒体，不失时机地广泛渗透到各种社会活动之中，才能形成规模宏大、富有生机的社会化大科普。

从加深对科普的认知入手，为科普演讲的研究奠定基础，有必要简要回顾和分析中外科普的起源及发展。

科普的社会需求源于人类现代科学技术的快速发展对于

社会公众的科学传播需求，源于科学技术对于人类社会发展越来越深刻的影响和巨大的推动作用，同时亦源于社会公众对于不断快速发展的科学的需求。

西方普遍开始的科普活动起源于现代科学体系确立之后科学与社会发展的需求，尤其是在科学技术的发展催生的工业革命之后。科学技术与社会发展的关系日益密切，影响力和发挥的作用越来越大，对人们科学素质的要求也越来越高，同时公众对科学的困惑也愈加密集，因此现代意义上的科普应运而生。

从中国历史上来看，科普活动比西方发达国家晚了几十年。西方科学概念是由早期的外国传教士传入中国，其目的是为了传教而非传播科学和科普。庚子赔款后国内优秀青年批量留学西方国家，西学东渐兴起，打开了科学启蒙的大门。大批留学生回来后开始了以科学启蒙为目标的科普活动，其目的是倡导科学、普及科学知识、启智治愚、科学救国。

而有组织的科普活动则是由中国科学社开创的。中国科学社是中国最早的民间现代科学学术团体，1915 年 10 月 25 日在美国正式成立，前身为 1914 年创办的《科学》杂志社。1918 年迁回国内，1928 年定址上海。1914 年 6 月 10 日黄昏，美国康奈尔大学校园内，任鸿隽、赵元任、杨杏佛、胡明复、周仁、秉志等中国留学生聚在一起，讨论世界走势和中国的未来。有人提出，中国缺乏的莫过于科学，我们为什么不出版一种专门介绍科学的杂志呢？这个提议立即得到在场所有人的赞同。他们决定以美国科学促进会（AAAS）及其《科学》杂志为模式，组织科学社，创办中文的《科学》杂志。他们在章程中明确提出《科学》月刊“以提倡科学，鼓吹实业，审定名词，传播知识为宗旨”。1915 年 1 月，第一份综合性的中文科学杂志《科学》在美国问世。此时正值第一次世界大战初，而中国的袁世凯正忙于“称帝”。《科学》杂志自创办到停刊，共出版发行了 35 年，是中国最重要的学术期刊之一。因为有人觉得光是发行一个杂志远远不够，提议改组科学社。1915 年春天，科学社董事会在征得多数社员同意后，指定胡明复、任鸿隽、邹秉文三人起草新社章。1915 年 10 月 25 日，他们拟定的社章表决通过，正式定名为“中国科学社”，宗旨为“联络同志，研究学术，以共图中国科学之发达”，不仅要传播新知以促进科学的研究，还要发表研究结果以建立学术的威权。中国科学社以及中国科学化运动学会设计的科普目标，是符合中国当时的社会实际情况的。当时中国人的识字率很低，对科学有所了解的人更是少之又少。1928 年，梁启超在《大学院公报》发刊词上将科学普及与科学研究等同看待：“一曰实行科学的研究与普及科学的方法：我族哲学思想，良不后人，而对于科学，则不能不自认为落伍者…… 且不但物质科学而已，即精神科学如心理学美学等，社会科学如社会学经济学等，西人已全用科学的方法，而我族则犹囿于内省及玄想之旧习……近虽专研科学者与日俱增，而科学的方法，尚未为多数人所采用，科学研究机关更绝无仅有。盖科学方法非仅仅用于所研究之学科而已，乃至一切事物，苟非凭藉科学，明辨慎思，实地研究，详考博证，既有所得，亦为偶中；其失者无论矣。本院为实行科学的研究与普及科学的方法起见，故设立中央研究院以为全国学术之中坚；并设立科学教育委员会以策划全国教育之促进与广被。”

20 世纪 70 年代国外进行的公众科学素养和态度调查表明：第一，对科学感兴趣不等于科学知识水平高；第二，科学知识水平高不等于对科学支持程度高，有时甚至相反；第三，科学素养与科学态度之间的关系呈非线性关系。也就是说，科学素养水平越高对科学技术尤其是技术应用的态度就越有可能持怀疑态度。科学素养与科学态度呈现负相关。

自 20 世纪 90 年代中期开始由中国科普研究所主持的中国公众科学素养调查显示，中国亦呈现出同样的一种发展变化趋势。有一个认知对于新时代的科普非常重要，那就是科学文化是社会文化体系之中非常重要的组成部分，其除了基本的科学知识之外，随着现代科学技术发展和传播的深化，科学精神、科学思想和科学方法传播的需求，则产生了对现代科普立体多元格局的要求。因此，由公众科学素养调查数据所呈现的非线性变化趋势，以及上述认知，我们必然要提出问题：现代科普的内容、目标到底是什么？科普对社会发展的作用是正相关还是负相关？

科普的初衷是提高全民的科学知识水平、提升全民的科学素养，以达成社会公众对科学的理解、对科学发展的支持这样一个目标，从而使得科学技术的发展对社会的发展产生更有力的推动与促进作用。而如果科普带来的是公众科学素养越高，对科学的怀疑和不支持比例也越高这样一种负相关的结果，科普则陷入了一个自身的悖论之中。于是，现代科普处于需要重新设计方能达成其初衷的发展瓶颈期。另外，科学界还有一些共识需要引起我们的关注和重视。

一是科学知识有助于公众参与科学，特别是针对技术应用引发科学与社会之间的关系的议题之时，公众的科学知识水平与科学素养更显得十分必要。

二是科学技术的发展已经越来越深入地影响到社会生产和生活的各个领域，科学知识有助于公众在日常生活中做决定。

三是科学知识的丰富有助于激发公众对科学的广泛好奇心。

同时，中国社会正处于一个新的快速发展的历史时期，社会转型、经济转轨、文化复兴等的社会需求对科普提出了新的要求，也为科普工作的深化发展提供了新的契机。如何在社会、经济、文化发展的动态三维坐标系中重新准确定位科普工作，建立健全一整套从内容到形式的全新科普运行机制与模式，成为提升科普工作活力、充分发挥科普社会功能的关键节点。

因此，以普及科学知识为基础，以传播科学精神、科学思想和科学方法为核心，以促进公众理解科学、支持科学发展为目标，充分发挥新媒体、多媒体优势，以多种表现形式开展社会化、群众化、经常化的科普工作，将是未来科普工作发展的重要方向。

第二节
演讲的力量

上下五千年的人类文明发展历史为演讲提供了必需和优沃的生存空间，演讲艺术在人类历史的发展进程中一直发挥着重要作用。人类的文明史诞生了语言，而演讲作为语言艺术化的一种表现形式，发展至今成为了世界上古老、宝贵的文化遗产。

作为人类重要的社会实践活动，作为人类宝贵的精神财富，演讲数千年绵延不衰的重要原因，就在于它具有独特而巨大的社会功能，有着不可估量的社会价值和极其深远的历史意义。古今中外，演讲无不被人们所重视与利用。

我国南北朝时期的文学理论家、文学批评家，《文心雕龙》作者刘勰是这样评价演讲之力量的，一人之辩，重于九鼎之宝；三寸之舌，强于百万之师。我国的古语俗语中，有各种对演讲口才重要性评价的描述。比如“一言可兴邦，一语可误国”“善言使人笑，恶语使人跳”“良言一句三冬暖，恶语伤人六月寒”等，流传甚广，妇孺皆知。

西方各国也同样有着各种类似的说法。比如有西班牙学者认为，雄辩的口才要比准确的子弹更有力。语言是最危险的武器，语言刺的伤口要比刀剑刺的伤口更难治愈。德国的政治家、诗人海涅则认为言语之力，大到可以从坟墓唤醒死人，可以把生者活埋，把侏儒变成巨人，把巨人彻底打垮。

这些都说明了人类早已经充分认识到，演讲是一把比刀剑更利的武器，有着强大的力量。

我国的战国时期，有一个“巧舌一动十城得”的故事，可谓演讲经典中的经典。齐国趁燕国太子燕易王初立政局，社会尚不稳定之机，出兵攻占了燕国十座城池。燕国苏秦见到齐王后说：“俯而庆，仰而吊。”这令齐王大惑不解，问：“是何庆吊相随之速也？”是啊，什么原因使庆贺和吊唁如此紧密相随呢？苏秦答道：“今燕虽弱小，即秦王之少婿也。大王利其十城而长与强秦为仇……”这里，苏秦抓住了燕与秦的翁婿关系，层层论证，令齐王大惊，迫于秦国的强盛，终于归还了用武力夺得的十座城池。

古今中外，这样的案例不胜枚举。英国前首相丘吉尔受命于危难之时，以精辟感人的演说振奋英国人民的士气；美国前总统罗斯福，运用自己的权力和说服力，引导美国人民参加反法西斯斗争，使美国渡过了战争威胁和经济危机的难关；保加利亚前共产党总书记季米特洛夫在德国莱比锡敌人的法庭上，以真理为武器，唇枪舌剑，驳得法西斯头子们无言以对、狼狈不堪；美国的黑人牧师马丁·路德·金，以演讲为武器，反对种族隔离主义，获得 1964 年诺贝尔和平奖……这些无一不显示出演讲在国际历史舞台上的地位和作用。

古往今来的诸多历史事实不断地向人们展示着演讲的力量，同时也不断地证明着一个真理：虽然邪恶与黑暗势力摇唇鼓舌的演讲可以一时蛊惑人心，把人们驱向罪恶的战争和苦难的深渊，给人类社会的发展带来可怕的灾难，但正义的演讲却可以振奋人心，促使人们向善向上，给人类社会的发展带来积极的力量。

演讲是一门历史悠久的综合性的语言艺术，演讲是一个传播思想与文化的利器，演讲是一种具有最佳效果的沟通手段。演讲具有强烈的吸引力、启发力、说服力、感染力、号召力与生命力。演讲有着强大的力量，在推动人类社会的发展进程中一直发挥着巨大的作用。

由人类自身发展的需要产生了语言，而语言的发展和发音器官的进化则使有声语言成为人类主要的表达方式，又因为人类通常需要更加充分地表达思想感情，从而把有声语言和形体语言有机地结合起来，这就是演讲作为一种特别的语言表达方式的起源。演讲一般具有以下几个特点。

一是演讲是演讲者发自内心真实情感的自然流露；二是演讲总是充满激情的，是演讲者将内在想法和见解向受众的充分表达；三是演讲是演讲者语言加肢体的综合表达，边讲边演，富有感染力；四是演讲不仅仅只是演讲者的个人表达，更是一种互动交流。

演讲的上述特点带来了演讲的特别功能。一次成功的演讲会激发起受众源自内心的共鸣，会影响和改变一个人、一群人的人生轨迹；一次成功的演讲甚至会改变一个国家和民族的命运。演讲具有惊人的力量，常常发挥着令人意想不到的作用，这在中外历史上已经不断得到充分印证。

从科普工作的特点而言，它必须借助各种形式与手段、充分利用各种传播渠道来开展社会化、群众化和持续化的科普活动，才能有效地达成科普目标。就演讲的特点与功能而言，科普演讲恰恰可以成为科普有力有效的形式和手段。

演讲是指在公众场所，以有声语言为主要手段，以体态语言为辅助手段，针对某个具体问题，鲜明、完整地发表自己的见解和主张，阐明事理或抒发情感，进行宣传的一种语言交际活动。它因人类社会发展的需要而诞生并随着人类社会的不断发展而发展。

人们对演讲的普遍评价是：一种古老、高级、完善，具有审美价值、欣赏价值、实用价值、艺术价值的语言表达形式。

演讲是一种源远流长的历史文化和社会现象，是人们重要的社会实践活动，它是人类社会交际需要和政治文化发展的精神产物，并一直在推动社会政治、文化的发展方面发挥着极其重要的作用。作为世界古老的文化形式，演讲远在古代的中国、埃及、希腊和印度就已经开始发展了。

第三节 演讲的起源和发展

演讲在中国的发展

在中国古代，演讲事业源远流长，经久不衰，形成了独特的风格与理论体系。有文字记载的我国的第一位演讲家，当首推殷商时期的盘庚,《尚书》中关于盘庚迁都前后的三次演讲记录，距今已有3000多年的历史。

公元前770年始的春秋战国时期，策士说客已如雨后春笋般层出不穷，他们或办学授徒传播自己的政治信仰和道德观念，或游说诸侯纵论天下之大事、阐述立国安邦的计策。当时，演讲风气盛况空前，像儒家的孔子、孟子和荀子，墨家的墨子，道家的庄子，法家的韩非子和名家的惠施、公孙龙等，皆为能言善辩、才学卓著之人，是很了不起的演讲家。他们都用自己治理天下的政治见解和思想主张，对社会进行游说，形成了那个时代文化思想上的“百家争鸣”，演讲也因此在理论方面有了长足的发展。

从公元前221年秦始皇统一中国开始，中国进入漫长的封建社会，思想文化的发展一直受到封建统治者的严格限制而处于低潮，演讲也是在那样一种状态下曲折缓慢地发展。到1898年“戊戌变法”的前后，中国的演讲随着改良运动和民主革命思潮的兴起开始复兴。

辛亥革命时期，演讲和辩论已蔚然成风。伟大的民主革命的先行者孙中山以及民主革命思想家、宣传家章太炎和民主革命家黄兴、宋教仁、陈天华、徐锡麟、秋瑾等都是演讲的高手、论辩的巨擘。特别是孙中山，一生做了无数次的演讲，以他民主革命先行者的远见卓识、高度的爱国主义激情、雄辩的口才，唤醒人民，为中国社会的进步发展立下了丰功伟绩。

新文化运动时期出现了一次演讲高潮。作为中国近代史上第一次思想解放运动，在高高举起的民主与科学两面大旗之下，各种演讲团体纷纷成立，大街闹市、学校集会、公共场所，到处可见演讲者的身影和听讲的人群，一大批革命家、政治家、思想家构成了演讲的核心，广大进步学者、青年学生成为演讲的骨干。

在演讲热潮的推动下，我国的学者一边着手翻译欧美学者的演讲学专著，一边编写自己的专著《演讲学》《演讲术》《演讲学概要》等，初步奠定了我国演讲学研究的基础。

新民主主义革命时期，演讲在反帝反封建，为建立一个独立、民主、繁荣昌盛的新中国的进程中，发挥了重大作用。演讲是广大革命者、爱国者唤醒民众的号角，演讲也成为中国共产党人在不同革命历史阶段宣传革命思想、组织人民群众、争取民族解放的有力武器。

改革开放使我国政治、经济、文化等各个方面进入全新发展的时期。20 世纪 80 年代的演讲热中，涌现出了一批著名的演讲家，演讲主题涉及政治、经济、文化、教育、生活、社会等更为广泛的领域，更重视演讲的艺术性，表现形式也更加多样。与此同时，关于演讲理论的研究更加深入，趋于系统化、学科化。

演讲在西方的发展

在西方，演讲的发展可分为 4 个阶段。

1. 萌芽阶段

公元前 5 世纪至公元 2 世纪，以古希腊、古罗马为中心，形成演讲的两个黄金时代。这一时期为整个西方演讲学的发展奠定了坚实的基础。

2. 停滞阶段

从公元 2 世纪罗马帝国衰落开始，到欧洲文艺复兴前夕，随着奴隶制的西罗马帝国灭亡，欧洲进入漫长的封建社会，史称“中世纪”。这一时期是西方演讲学从兴盛走向衰退的时期。

3. 恢复阶段

从文艺复兴到 19 世纪初。文艺复兴是 14 ～ 16 世纪反映西欧各国正在形成中的资产阶级要求的思想、文化运动，它广泛而深刻地影响到文学、艺术、哲学、教育、科学等各个方面。这种思想解放、人才辈出的大文化背景，也为演讲学的复苏带来了曙光。

4. 繁荣阶段

从 19 世纪末到现代，特别是 20 世纪初到中叶，形成了演讲的“第二次高潮”。

萌芽阶段，雅典进入政治、经济、文化的全盛发展时期，奴隶制的繁荣，公民民主政治的发展，给古希腊带来了新的思想、意识和感情。盛大的祭神庆典、公共集会、法庭讲演的流行，严肃而活跃的哲学、伦理问题的讨论，在促成演讲的繁荣局面的同时，催生了不同的演讲派别和演讲理论。

柯拉克斯是古希腊语言学家，公元前 460 年他发表了第一部演讲学名著——《演讲艺术》。虽然这部著作没能保存下来，但其中的两个观点一直影响着后世：一个论点可以由可能性发展而成，这一观点被后来的亚里士多德发展和完善；另一个是首次提出演讲稿结构的概念，确立了演讲分为一首诗、一个故事（或表演）、一个尾声 3 个基本部分，这是现代演讲学所称谓的开场白、正文、结尾的结构基础雏形。

伯里克利时代，雅典随着社会经济文化的发展繁荣，演讲艺术和实践也达鼎盛，各地学者云集，雅典成为“希腊的学校”。古希腊“智者派”集团，在高尔吉亚、普罗塔哥拉等一些知识渊博、口才出众的演讲高手组织下，专门以传授演讲的逻辑、论辩的形式和技巧等为业，从而大大推动了演讲的发展。在“智者派”的影响下，古希腊、古罗马时代，先后涌现出一大批富有才华和声望的演讲家，如苏格拉底、柏拉图、亚里士多德等。

古罗马在古代演讲史中也占据了突出的地位，涌现出一大批以西赛罗为代表的演讲家。

这里要重点提到一位对演讲学理论发展具有突出贡献的重要人物，古希腊演讲学的集大成者、伟大的哲学家、思想家和修辞学家亚里士多德。他是柏拉图的学生，也当过亚历山大大帝的老师。公元前336年，他发表《修辞学》，提出了演讲的三个基本要素——演讲者（The Speaker）、信息（The Message）、听众（The Audience）。公元前330年，他发表的《演讲术》成为论述演讲问题最有影响的著作。亚里士多德对演讲理论的阐述，奠定了西方演讲学的理论基础。后人很多关于演讲的理论，基本上是对他的理论的阐述、提炼和发展。

20世纪以来，现代资本主义社会的快速发展为演讲的振兴和创新准备了适宜的土壤，近百年中涌现出了大批著名的优秀演讲家，演讲学也被注入了很多新鲜的内容。在理论方面，把演讲与美学、演讲与哲学、演讲与心理学、演讲与社会学有机地结合了起来，使演讲艺术展示了新的风采。在实践方面，演讲普及到各个地区、各个行业，成为人们普遍使用和交流的一种方式。这一阶段西方发达资本主义国家的现代演讲理论逐渐完善并形成新的系统，演讲专著大量涌现。对演讲学的研究，也从过去的重点研究演讲的方式和演讲的语言风格，发展到对演讲学、演讲逻辑学、演讲心理学、演讲美学、论辩术、谈话术和演讲发展史的全面研究，演讲活动和演讲学的研究进入了兴盛时期。

第四节
现代科普演讲

现代演讲学的研究对象主要包括了以下三个方面：

一是关于演讲对社会生活的作用与反作用的规律问题。诸如演讲在社会生活中所处的地位及功能，演讲自身的特征以及演讲自身的继承、革新与民族演讲的相互影响等。

二是关于演讲活动本身的规律问题。诸如演讲的分类，演讲的内容与形式，演讲的准备阶段以及演讲活动的过程等。

三是关于演讲的鉴赏和批评的一般规律问题。诸如鉴赏的依据和批评的标准，如何通过鉴赏与批评推动演讲自身的发展等。

上述这三个方面既有各自的相对独立性，又有相互间的依存性。说它们相对独立，是因为每一个方面都是从某一角度出发的；说它们互相依存，是因为作为一个有机的整体，部分与部分之间存在着密切的联系，缺少哪个部分都将影响整体的完善性。

至此我们已经对科普、对演讲有了一定的认识，我们对科普的重要性和必要性已经了然于心，我们也知道了演讲具有的强大力量，那么科普演讲之于科普工作的重要性已经无需赘述，科普演讲必定是科普工作中的一个重要的和必要的手段。

而针对科普工作的特点，尤其是在当代科学突飞猛进的发展和各项新技术在各领域中深入应用的时代背景下，科普演讲在科普活动中有怎样的独特作用呢？下面通过一个比较典型的科普演讲故事，对当代科普演讲的特点与作用作一些基本分析。

美国一位著名的科普演讲人曾进行过一次精彩的科普演讲。演讲者既是科学家又是演讲爱好者，并且一向重视科普宣传。他认为科普是科学家义不容辞的社会责任，一次成功的科普演讲的意义，不亚于一项有价值的发明。当他面带微笑从从容容走上讲台时，他先在大屏幕上投出了一幅逼真的幻灯片，这是一张奇特有趣的照片。一个“怪物”赫然出现在屏幕上，它圆溜溜的大脑袋上长满了尖硬、粗壮的头发，脸颊、下巴、脖子甚至鼻子上都布满了稀奇古怪的胡须，像棍子一样的眉毛则高高地倒竖着。它虽然怒目圆睁、龇牙咧嘴，却又显得非常滑稽可笑。正当人们十分好奇、惊讶不已时，演讲者开口了：“这个家伙到底是什么，有谁知道？”这个问题立即引起了在场所有人员的浓厚兴趣。有听众喊道：

“我知道，这是一种新发现的巨型蜥蜴！”然而马上有人反对：“不像！我敢说，它是至今仍活着的一种奇特的恐龙！”“都不对！它是美国传说多年而一直没有找到的大脚怪兽！”“不，不，都错了，它应该是最新发现的外星人！”众说纷纭，莫衷一是，演讲现场顿时热闹非凡。谁都认为自己是对的，谁也说服不了谁。“请注意，它就在你们的脚底下！”演讲者趁热打铁，提高嗓门提醒大家。此话一出，现场立刻就炸开了锅。有的妇女吓得当场尖叫起来。还有一些胆小的人索性从椅子上跳起来，转身就逃。有的人虽然比较镇静，可是一时也听不明白，甚至怀疑自己的耳朵听错了。更多的人则低头俯身，查看地面。然而，他们都面面相觑，大惑不解。因为脚下什么也没有呀。“我来告诉大家吧。这是加利福尼亚小黑蚁。谁都知道，它们就在我们的身边，几乎无处不在，甚至这间屋子里可能就有成百上千！”阿诺德说。原来如此，大家不由得松了一口气。但是，人们的兴趣马上又来了：为什么这样微乎其微到不蹲下来就无法看见的小虫子，在照片上就变成了一个庞然大物呢？“这是我们用最新的超高倍摄影机拍摄的！”演讲者不失时机地做出了解释。然而，还没等人们的情绪完全松弛，他又接着说道：“可是，我们的真正目的并不是为了拍这个小玩意儿来吓唬大家。请看它‘脸蛋’旁边的小东西，这是什么？大家有兴趣不妨再猜猜看。”人们又兴致勃勃，各抒己见。“其实，它是一只齿轮！”演讲者的声音更大了。人们大吃一惊，迷惑不解，难道真有这么小的齿轮？“它的直径只有30微米！也就是说，诸位的一根头发丝比它还要粗好多倍！”演讲者的语调再次升高了。台下有人问道：“这么小的玩意，有什么用处呢？”“对不起，在座各位中是不是有人血管里的脂肪和胆固醇含量有些偏高？”演讲者话锋一转，语气也平和多了。这还用问吗？在美国，乃至全世界，心血管系统的疾病，如高血压、冠心病的发病率逐年上升，目前在欧美已经成为健康“第一杀手”。而发病大多与血液中的脂肪和胆固醇含量偏高有着直接关系。“我们准备利用这种齿轮装配成一种小小的机器人。当它们进入病人的血管后，就能连续不断地识别并破坏有害的血脂和胆固醇，并将这些不好的成分变成一种能被排除的垃圾。也就是说，这些小机器人将成为您血管里最勤奋、最有效的清道夫！”会场里立刻爆发出一阵热烈的掌声。一个短短的小演讲，以极具震撼力的开场，一波三折地激发着听众的兴趣，引导着听众向着正确的认知方向前行。

由此，我们发现了一场好的科普演讲的特点和作用。

一是科普演讲直接、生动、有趣、有效、易于开展，是对社会公众更加具有吸引力的科普手段；二是科普演讲具有良好的互动性与感染力，更易使听众接受，留给听众的印象也更加深刻，更易于激发听众对于科学的兴趣和提高对于科学的理解；三是一个好的科普演讲能发挥巨大的传播力和影响力，被科普演讲所激发的每一位听众，都会起到一传十十传百的传播作用，这样的传播和影响力是一般科普活动所不能达到的。

虽然随着各种新技术的广泛应用，尤其是新媒体的高速发展，为科普活动增添了多种新的渠道、手段和方式，受众对于科普的需求也随之有了诸多的变化，甚至包括私人定制方式也可能会成为科普的其中一个方向，这就使得科普活动从内容到形式都越来越多元和丰富。但是，科普天然所具有的社会性与群众性的特点要求，演讲具有互动性、趣味性、吸引力、感染力、传播力与影响力等特性，使得科普演讲之于科普活动具有一种特别的契合，是其他并存的科普方式所不能替代的。而即便用技术来实现演讲的同步视频直播已经非常方便可行，也不可能达至现场演讲的效果，不能替代现场的演讲；即便技术可以便捷地实现同步视频直播时的同步提问互动，甚至采用 VR 技术实现虚拟现实的效果，现场演讲时演讲者与听众、听众与听众之间的气场感染、情感交流等所带来的特殊效果，也是技术所不能替代的。因此，科普演讲在当今科普活动中是有着不可替代的功能和作用的。

当然，科普演讲自身也要与时俱进，采用各种新技术带来的便利及包括利用声、光、电，以及精美的多媒体课件等，以提升现场的吸引力和感染力。可以说，加强和深入开展科普演讲是当今科普工作和社会发展的刚性需求。

02

第二章

科普与演讲

在第一章，我们阐述了科普是科学与社会发展的必需品，而科普演讲是科普活动中的一种有效而不可替代的方式。

我们已经知道科普是在向公众普及科学知识的基础之上，同时传播科学思想、弘扬科学精神、倡导科学方法以及推广科学技术应用。科普是社会教育的一种主要方式和重要内容。因此对科普的科学性、思想性的要求是显而易见的，科普的针对性是非常明确的。

科普演讲作为科普教育的重要组成部分，作为一种有效的方式和手段，就天然地受到了科学性、思想性的制约。同时科普演讲必须在演讲的普遍规律基础之上，把握和遵循科普教育的基本规律特点，将科普与演讲有机地融为一体，才能真正实现科普演讲的目标，达成科普演讲的社会功能。

科普演讲与科普创作在本质上有着一些共性特点，甚至我们就可以把科普演讲看作是科普创作，而演讲的达成就是作品的发表。因此科普创作的科学性、思想性、知识性、通俗性等要求对科普演讲是完全适用的。

科学性是一切科普的生命，科普演讲自然不能例外。科学必须揭示事物的客观规律，探求客观真理，作为认识世界和改造世界的指南。而科普担负着向大众传播科学精神、启蒙科学思想、普及科学知识的使命和职责，更应保证科学性。失去科学性的演讲就不是科普演讲了，也就失去了其作为科普的存在价值。因此，对于科普演讲者而言，在科普演讲中把握科学性是演讲的重中之重。

科普演讲的思想性则在于科普必须传递正确的科学世界观和方法论。科普是科学技术与社会生活之间的一座桥梁，它在向受众传授科学知识的同时，更重要的是使受众获得科学精神、科学思想、科学思维和科学作风的熏陶，科普宣传科学的世界观和方法论的目的是提高人们的科学素质和思想素质。因此，科普演讲的一个首要目标就是通过普及科学知识，让人们可以深刻地去理解科学的世界观和方法论，这就是科普演讲思想性的体现。

科普演讲的知识性是科普的一个最基本要求，这是毋庸置疑的。科普演讲的一个基本功能就要向受众传授科学知识，没有知识性的演讲也是不能被称之为科普演讲的。

科普演讲的通俗性易于理解，它是科普演讲让受众更乐于和更便于接受科普演讲内容的一个基本方法和要求。而科普演讲者既然承担了科普的责任，由此则延伸出了对科普演讲者的一个必备的和更高的要求。如何理解科学？如何理解科学性？这两点，并不是拥有了一定的科学知识的基础，就必然拥有的。

科学性包含以下四个方面：

客观性。这一属性源自于事物的客观存在性，即科学研究的对象是不以人的意志为转移的客观存在。

实践性。应该是好理解的，我们说实践出真知。一切科学的系统知识只能是源自于人类的社会实践，并再经由社会实践获得实证。现代科学体系就是这样一个实证的体系。简单举个例子来说，比如，我们通过一个实验，偶然发现了一种新的粒子，并由此推断出一种理论上的可能性，而仅仅这样还不足以说这是一个科学发现，它还不是科学，只能是科学假设。

理论性。人类运用理性的思维方法和实验手段，对大量感性知识进行概括和总结，从而形成了一个系统的知识体系或者理论体系，就这是理论性，它是对客观物质世界的本质规律进行的高度抽象的认知，所谓放之四海而皆准的普遍性，当然这个是相对的，所以采用了“所谓”一词来做界定。

发展性。因为客观存在既是复杂的又是发展变化的，人类对其的认识也是不断丰富和深化的，因此科学也是不断发展的。所谓发展性，也可以称之为局限性，因为人类不可能在时间上和空间上穷尽对客体的研究和认知。这一属性决定了科学只能是相对真理。

那么我们又该如何来理解科学呢？前面我们谈到了客观性、实践性、理论性、发展性。一般情况下，具体落实到科普演讲过程中，我们对科学的理解和把握主要可以分为两个基本层面。

第一个层面是对知识的正确、准确表述。这一点在科普演讲中是非常重要的，是对科普演讲是否具备科学性的最基本的认定。任何一个违背基本科学常理的演讲是绝对不可以被称之为科普演讲的。比如说，我们讲孙悟空一个筋斗十万八千里的故事，那是神话作品；讲一个女巫坐着扫帚登上月球的故事，那是所谓的玄幻作品；而讲人类宇航员穿着宇航服登月从事科学探险和科学实验的故事，那才是科普。科普演讲中的科学性、思想性是建立在知识性和科学常理正确性的基础之上的，是建立在正确的科学世界观的基础之上的。

第二个层面是对未知的客观世界真相的科学探索、对科学真理的不懈追求和建立在正确的世界观、科学观基础之上的科学想象。在这一层面上，科学的怀疑精神、对未知的客观世界的好奇心、对客观世界真相的科学探索和对科学真理的追求等，正是科学精神的体现。如果科普演讲者能够做到引导受众通过自己的观察、思考和想象，学会对未知提出问题并采用科学的思想方法进行解释、寻找答案，这就是对科学精神最好的传播。

那么，科普演讲中的科学性应该如何来理解和体现呢?

科学对客观物质世界认知的不确定性和未知性，应该是科学的一个特别的和重要的属性，人类科学精神的一个最为重要的方面就是要以科学思想和科学方法对这种未知进行勇敢的挑战。

以科幻小说的创作为例或许更便于理解。常有人用知识性去评测科幻小说的科学性，可能大多数科普演讲者也听说过关于科幻小说的“硬伤”一词，但这却是一个典型的机械唯物主义的概念。比如说，外星智慧生命是否存在？现有的知识体系的确不能确认它的存在，有人就认为你写外星智慧生命就是不具科学性的。但是从上述科学的属性来说，我们却不能否认它有存在的可能性，这种科学的可能性也是一种科学性的表达。拿离我们最近的火星说事儿吧，我们人类对它的了解其实还是少之又少，我们目前看不到智慧生命存在的迹象，甚至看不到生命有机体存在的迹象，但是科学研究发现有机生命在火星上有存在的可能性，只要这种可能性存在，智慧生命的存在就有了可能性。

科幻小说恰恰是以文学艺术的形式表达了科学的这一特性。科幻小说对人类科学技术发展和社会发展的幻想给予了其他任何文学艺术作品所不能给予的最大的关注，同时科幻小说给予了科学思想、科学方法和科学的理性精神在艺术方面最为充分的表达，这就是我们所说的科幻小说创作的科学性。而科普演讲中的科学性也是可以同样去理解的，因为演讲是人类语言表达的一种高级形态，是一种艺术性的表达方式。科普演讲最重要的一点就是对科学属性的表达，对科学精神、科学思想、科学方法的表达。

科学性并不拘泥于已知科学。科学性基于现有知识而又高于它。这正是科普中的科学性与知识性的不同之处，科学性与知识性是不能混为一谈的。一篇科普作品或者一场科普演讲，其知识性不完全等同于科学性，通篇空洞的科学概念的堆砌不具备科学性。而合理的科学想象、一种科学的可能性的展现，却都是科学性的。

第一节
科普演讲的主体

科普演讲者是科普演讲活动中的主体，是科普的传递者，一场以科普演讲为形式的科普活动成功与否，基本取决于科普演讲者。那么，什么样的人可以成为科普演讲者？科普演讲对演讲者有什么样的要求？

我们现在说的演讲一般是指更靠近西方历史遗留下来的演讲形式。从历史上来看，中西方两种演讲文化的历史价值可谓不分伯仲，都为社会发展和进步做出了巨大贡献，但两者之间还是有不少差别的。

第一章我们已经简述了中西方演讲的发展。在演讲兴起与第一次发展高潮之时，中国正处于诸侯割据、欧洲正处于城邦制民主国家这样两种不同的政治文化背景之下，中国演讲家的演讲平台多很狭小，一般囿于演讲者的书院或者王室的廷宫，西方演讲家的演讲平台则广阔得多，一般是在大型的广场或者议院大厅。中国式的演讲，实用性与功能性比较突出，西方式的演讲则主题更为宽泛，重在个人表达居多。

中国的政治文化传统注重人的集体价值，注重王权的绝对权力，封建集权制的统治讲究一个“君臣父子”的有序，一个人有怎样的话语表达权取决于他在特定场合的身份地位。一个普通人在公众集体场合不是想说话就能说的，也不是想说什么就能说什么的，而且可能是说了也白说，甚至是会“祸从口出”的。

而西方的城邦制民主国家的政治文化传统则较为重视每一个个体的个人价值，崇尚个人主义、自由主义，公众在政治文化生活中的参与度相当高，任何一个有着突出个性特点的个体通过自我的表达和表现都有可能会成为公众的偶像；同时，任何一个普通的个体在一场演讲活动中亦不仅仅只是听众的角色。

当代的中国，随着整个国家现代化和民主化的进程，尤其是改革开放之后随着政治、经济、文化、科技的快速和巨大的发展，中西方之间在各个方面的差距已经大幅度缩小，中国已经成为世界第二大经济体，现代科学技术的发展成就使得中国跻身世界科技强国之列，全球化浪潮也促进和加速了中西方在政治文化上的融合。

中国的演讲事业也同时获得了巨大的进步和发展，自20世纪80年代开始，中国进入了演讲历史上的第三次发展高潮，涌现出一大批著名的演讲家，为改革开放摇旗呐喊，助推了中国的现代化发展。

同时，随着中国科普事业的发展，科普演讲也开始高调高起点地进入了公众的视野并获得了快速的发展，科普演讲成为科普的一支重要有生力量，院士讲科普早已经不是什么新鲜事，中国科学院老科学家演讲团、中国科普作家讲师团更是科普演讲大军中的明星团队。

尽管单纯从演讲的角度而言，现代的中国每一个人都可以成为演讲者，只要他有自己的思想、有表达的愿望并学习和掌握了一定的演讲技巧。但是要成为科普演讲者，却有着比对普通演讲者更高的要求。就好比不是会写字就能成为作家，不是所有的作家都能成为科普作家。

从前面我们对科普、对演讲、对科普演讲全面深入的阐述，我们可以得出一个明确的结论：不是所有会演讲的人都能够成为科普演讲者，要成为一名科普演讲者不是一件容易的事，而要成为一名优秀的科普演讲者就更不容易了。

作为科普演讲者，要有相当的科学知识基础是一个必备的基本条件，要对科学、科普有足够的认知和理解，对科学技术的发展动态和社会热点要敏感，要随时学习、不断学习、丰富自己、提高自己。“一招鲜吃遍天”对科普演讲者是不适用的，即便是同一主题的演讲，也要根据每次听众对象的不同作适当的调整，并要在不断的演讲过程中总结归纳提高，及时将新的内容融入。只有不断推陈出新、不断自我进步的科普演讲者，才有可能成为一名优秀的科普演讲者。

第二节
科普演讲的五个要素

什么样的演讲才是科普演讲？我们概括了五个要素作为对科普演讲的界定。

科学性

这个是不言而喻的对科普演讲的基本要求，也是具有一票否决权的根本要素。一个演讲不讲科学，不传递正确的世界观，对知识的讲解错误百出，那是必须要被排除在科普之外的。

通俗性

这是科普的群众性所决定的。一个科普演讲只有用通俗易懂的语言讲老百姓听得明白的内容，才有可能达成科普的目标。科普演讲切忌空洞概念的堆砌，切忌所谓的“高大上”“阳春白雪”。

趣味性

科普教育在接受上的非强制性决定了科普演讲必须具备足够的趣味性才有可能吸引听众听下去，而不是令听众在无趣的煎熬下中途离场或者心不在焉昏昏欲睡，那样的话既浪费了社会财富也浪费了所有人的时间，受众也一无所获，科普就成了一句空话一个空洞的壳。

实用性

这个实用性不是一般意义上的实用主义的实用，它是科普的社会功能性的体现，是非系统性知识的传授所要求的，也可以理解为知识性。传授一定的、有用的知识给受众是科普演讲的重要功能之一，科普演讲者一定要为每一场科普演讲精心准备好适合受众的知识点，让受众有相应的收获。

针对性

人的再社会化的要求决定了人的一生是学习的一生，是不断社会化（进步）的一生。特定对象人群具有特定的学习需求，对不同的内容有不同的接受度。科普演讲者需要有针对性地选取相关热点科学新闻、技术应用、知识更新等不同的内容，有机地融合到针对不同听众的演讲中，去完成一次成功的科普演讲。

第三节
科普演讲的基础

科普演讲作为科普活动中科普教育的重要组成部分，作为一种有效的方式和手段，必须在演讲的普遍规律基础之上，把握和遵循科普教育的基本规律特点。

这些基本属性是由科普的社会教育属性所决定的。我们在第一章里已经深入阐述了这样一个观点：从本质上来说，科学普及是一种社会教育。

作为既不同于学校教育也不同于职业教育的社会教育，作为人的社会化和再社会化的一种主要和重要的教化工具，其基本特点就是它的社会性、群众性和持续性。而且这个持续性伴随着整个人类社会的历史进程，从人类个体的角度来说则伴随着人的一生。科普的这一基本属性特点，就要求科普工作必须运用社会化、群众化和经常化的科普方式，充分利用现代社会的多种流通渠道和信息传播媒体，不失时机地广泛渗透到各种社会活动之中，才能形成规模宏大、富有生机、社会化的大科普。

而综合前述我们对演讲、对科普演讲的认知和理解，科普演讲作为一种有效的科普手段，我们也就更加明确了科普演讲之于科普的重要性、必要性，以及科普演讲之于社会、之于科普的重大价值所在。

学校教育和职业教育是人的社会化的主要手段，是社会发展所必须的，是对人的一种强制性要求，而同时也是人类个体生活生存所必须的。所以九年义务教育、高中教育、职业教育与大学教育的目标、手段是非常明确的。科普教育则不同，它不是社会发展和个体生存生活所必需的，而是个人成长与社会发展的高级需要，对接受者没有强制性的要求。这就给科普、科普演讲活动带来了一个问题：如何在非强制的条件下吸引社会公众的积极参与，并且使其在活动过程中对科普内容产生兴趣、获得相应的知识，在提升个体科学文化素养的同时提升个人生存能力和生活品质，进而对提升社会发展的水平产生相关的促进作用。科普的社会功能在此产生作用和获得最大的发挥。

我们已知学校教育与职业教育是一种必需和强制。它是一种系统化的教育，有特定的目标和要求，从形式到内容到手段都是有既定制度保障和具体规定的，其教育内容是按照所要达成的目标和要求来制定的，具有知识的系统性及由系统性要求带来的延续性、完整性和较长时间上的稳定性。科普教育作为一种社会教育的形式则完全不具备也不必具备这样的系统性，这是由科普的社会性、群众性、非强制性等特性所决定的。所以，科普教育的知识内容是非系统的，科普内容的知识点随着科学与社会的发展需求、不同人群的不同需求等因素的变化而变化。这样一个知识的非系统性，就要求科普演讲者要敏锐地抓准需求点，在短短的演讲时间内善于抓住知识内容的要点而不是面面俱到，以一个小小的知识点去激发听众的兴趣并加以合理的延展，从而达成科普演讲在传授知识基础之上的传播科学精神、科学思想的更高目标。

从前述的关于科普教育的相关属性，我们可以很容易地推断出科普教育具有特定人群的针对性这样一个特性。科普教育的社会性、群众性、非强制性、非系统性等特性决定了科普受众的对象区分，科普活动要针对不同受众群体的不同需求定制内容、确立活动形式，才能达到最佳的科普效果。

科普演讲受众有五个一般性特点：

一是不同受众具有不同的关注度、接受度；二是学生群体，关注未来与成长，思想活跃，普遍接受度较高；三是职业人群，关注职业前景、事业成长等，思想相对成熟，接受度一般，但对兴趣所在及对职业有影响和帮助的主题具有较高的选择性接受度；四是其他社会公众，比如社区居民等，更加关注日常生活所需，思想相对固化或者单一，对切身生活利益有影响的科普主题具有很高的选择性接受度。

因此，一般而言，科普演讲者在针对性选择演讲内容时，应更多地关注特定受众对象的需要。这样的演讲内容会比较容易在演讲现场引发听众的共鸣，激发起听众共同兴趣的同时也就很利于演讲者主动引导和开展积极的互动，从而把一场演讲活动引向深入，大大提高演讲的效果。

从上述对科普教育的属性分析和理解，我们就可以准确地对科普演讲进行定位，进而有助于我们更好地开展科普演讲。

第四节
科普演讲的目标

一般情况下，我们会从以下几个方面来具体考虑准备一场演讲。

一是针对不同的受众对象选择最契合的演讲主题；二是针对不同的受众对象选择最适宜的演讲形式和演讲风格；三是在日常科学知识储备的基础之上针对演讲的主题选取最佳知识点，围绕知识点组织好故事；四是精心准备一个精美、主题突出、有趣的多媒体课件，吸引受众的注意力，等等。

人类的任何社会实践活动都是有明确的目的目标的，而科普演讲的社会功能性更是非常的鲜明，因此，一切围绕着科普演讲的目的目标去准备一场科普演讲是科普演讲成功的一个关键点。形式、风格、趣味等偏离了科普演讲的目标，实在不是好科普演讲，有些甚至就不算是科普演讲了。

演讲活动是演讲者与受众的互动活动，所以，一般演讲的目的分别体现为演讲者演讲的目的和听众听演讲的目的。每个演讲者由于身份、地位、年龄、专长各不相同，演讲的目的也不尽相同，甚至每位演讲者每一次演讲的目的也不尽相同。

从作为演讲活动主体的演讲者的角度而言，他们的演讲还有两个共同的目的需要实现，一个是现场的目的，一个是散场后的目的。每一个演讲者都希望演讲能成功。这个现场的目的是否达成，可以从现场的直观效果反映出来。当演讲者的实用目的符合了受众的实用目的，演讲的内容打动了受众的心灵，引发了现场的共鸣，说明演讲是成功的。同时任何演讲者演讲的目的又都不会仅仅停留在现场的目的上，更重要的是追求散场后的目的：引发听众在演讲之后的实际行动，这才是演讲者的最终目的。而这一最终目的之达成，才真正表明演讲是成功的。演讲现场的目的的实现是散场后目的能否达成的前提和基础，散场后的目的的达成则是现场目的最终的归宿，评判一个演讲成功与否，两者缺一不可。从受众的角度而言，他们是无数个体的集合，由于年龄、性别、文化程度、兴趣、职业等不同，听演讲的目的也各不相同。有些时候，受众与演讲者之间甚至在目的上也存在着相当的距离。总体而言，只有当演讲者个体实用目的和听众个体实用目的一致时，两者紧密相联而又互为体现，演讲才能达成，而只有达成一个成功的演讲，演讲的目的才能实现。

对于科普演讲而言，它作为科普的一种主要形式、作为社会教育的一个重要手段，不同的演讲者之间、演讲者与不同的受众之间，在宏观目的目标上有着天然的一致性，实现和达成科普的目的是所有参与科普演讲活动者的共同目标。这是科普演讲的一个重要特征，实现科普的社会功能与作用，是科普演讲者的最终使命。科普演讲者每次演讲前都能够从科普演讲的目的目标出发做好功课，演讲就成功了一半。

第三章

科普演讲的方法技巧

所谓科普演讲的方法技巧，是指与科普教育目标和任务相关的，采用演讲形式实施的，演讲者所应采用的具体操作程序和一般技能。它决定了科普演讲参与者在其中的角色，不同角色之间的相互关系以及每种角色在过程中的任务。

美国学者拉斯韦尔于 1948 年在论文《传播在社会中的结构与功能》中，首次提出了构成传播过程的 5 种基本要素，即后来人们称为“5W 模式”的拉斯韦尔公式，5 个 W 分别是英语中五个疑问代词的第一个字母，即：谁（Who）？说了什么（Say What）？通过什么渠道（In Which Channel）？对谁（To Whom）？有何效果（With What Effect）？而本章所讲的方法技巧，正是基于这 5 个要素产生的。方法技巧对属于大众传播范畴的科普演讲来说，无疑是十分重要的。

第一节
为什么要运用演讲方法技巧?

演讲者的演讲方法是否科学，运用是否得当，决定了受众对所讲授内容的接受程度，也就决定了科普演讲的最终效果。因此，从某种意义上讲，方法决定成败。

最大化演讲的内容价值

科普演讲的内容是要通过演讲所采取的方法手段传递给受众的。在这当中，方法和技巧就像搭建在内容和效果之间的桥梁，起着重要的连接和传输作用，桥梁搭建得好不好，关系着内容的传递和输送是否顺畅。

好的方法技巧，可以把精心选取并刻意编排的内容，完整、准确、生动地再现到受众面前，促进受众对内容的理解、消化和接受；反之则阻碍内容的传递，影响接受和消化。科普演讲中忽略了方法技巧，再好的科普内容，也会使效果大打折扣。

由此可见，科普演讲的方法技巧，对预期效果的实现至关重要，在内容确定之后，如果没有一个得当的方法技巧配合，就像过河没有桥梁一样，难以达到完美效果。

让知识从抽象到具体

现代科学技术在大众的心目中往往带有神秘的色彩，有的还会使人感到深不可测。在科普教育中，对非常抽象的内容，如果仅用语言反复讲解，即便你讲哑了嗓子，涂满了黑板，到头来还是事倍功半，受众仍然难以理解。如果辅助以有效的方法技巧，情况就会大不相同，一些难点问题就会迎刃而解。运用多媒体手段开展科普演讲，是一种发展趋势，也是烘托和渲染演讲效果不可或缺的手段。

高质量的科普演讲，离不开制作精良的多媒体课件，它摆脱了以往口头演讲的单一模式，通过综合运用多种媒体技术，把文字、图片、视频、动画等集于一体，用制作精美的图片和生动有趣的视频配合演讲，使科技内容更形象化和具体化，具有不受时间、空间限制的再现性和运动变化的可控性、模拟性以及强大的交互功能，大大强化了对内容的渲染作用。

运用多媒体进行科普演讲，改变了传统的信息传递方式，图文并茂、声像并举，能够有效地烘托演讲气氛，激发受众学习的兴趣，陶冶受众的情操，提高演讲效率。它不仅仅是锦上添花，更是增强科普演讲效果的必然需求，精彩的内容配以生动形象的多媒体，在现代声、光、电效果的作用下，必将在受众心目中留下深刻印象。

科普演讲方法的一个重要功能，就是将复杂问题简单化，把抽象的、难以理解的科学内容，转化为具体的、易于接受的现实事物。

把深奥的科学技术向大众普及，直观的教学方法起着不可替代的作用。这种方法可以把复杂的科学现象用简易的教具和直观的演示呈现在受众面前，为科普演讲提供最易于受众接受的解释途径，能迅速帮助受众建立起直观的认知，让大家感到科学并不神秘，从而拉近大众与科学的距离。不仅便于演讲者的讲解，还能引起受众的好奇心，使之亲身体会到有趣的科学现象，从而增强受众挖掘事物价值的潜力，激发受众探索未知领域的兴趣。

让知识变成可感知的内容

科普演讲不仅能使受众得到知识上的收获和思想上的升华，还能通过听觉与视觉的传导，将良好的听觉和视觉形象，融入感官之中，使人得到美好的享受。

这种听觉和视觉的感受，就是人的大脑通过耳朵对声音、眼睛对形象所产生的令人愉悦、被强烈吸引的一种感知，让人沉浸其中，为之感动。科普演讲中，演讲者正是运用正确的方法技巧，通过声音语言的明晰、严谨、有节奏、富有哲理和幽默感，肢体语言的丰富、真挚、有特色、富有韵律和明快感，使受众受到感染，精神为之振奋，唤起受众对美好事物的追求和向往，促进演讲者和受众之间的有效沟通，达到充分信息交流、扩大知识传播和深化品德影响的良好效果。

艺术化的具有审美感染力的演讲语言，以及与之配合的恰当的肢体动作，是科普演讲方法技巧的一种最直观的体现。而一次成功的科普演讲，正是通过演讲者运用抑扬顿挫的语言和优美和谐的肢体配合，将受众自然而然地带入科学的意境之中，使人们感受到愉悦，进而整个身心感受到科普内容的美好，从而唤醒人们灵魂深处对新事物的好奇和对科技的美好感受。

科普演讲不仅需要真理上的说服力、逻辑上的征服力，还需要道德上的感召力和心灵上的震撼力，这不仅是方法技巧的重要体现，也是其魅力和作用所在。

一次成功的科普演讲，不应仅仅使受众了解了演讲的内容，更应该使受众感受到科学的精神，体会到科学的力量，经受到心灵的冲击，体验到一种直抵灵魂、浸入肺腑的震撼。科普演讲正是通过巧妙地创设震撼氛围、营造感人环节、展示演讲艺术、增强个人魅力等方式达到“共振”的效果。这种感官和精神上的震撼，会促使受众热血沸腾、心潮澎湃，产生心理共鸣，从而达到心灵境界上的升华。

第二节
如何选择演讲技巧？

任何一种演讲方法，用得好就会取得好的效果，用得不好就会适得其反，它的功效发挥取决于多种手段的共同作用。没有一种演讲方法能够适用于所有的科普演讲。不同的专业内容、演讲过程的不同阶段、不同的演讲环境和受众等，都会对科普演讲方法产生影响。

根据演讲内容选择

科普内容是制约演讲方法的首要因素。只有搞清了应该科普什么，才能谈得上如何有效地去科普演讲。

科普内容，不仅包括科学事实的本身，更应包括与之相关的科学精神、科学思想和科学方法，还应涉及对这一科学内容的利弊分析和局限性的领悟，以及对其实用价值和社会影响的正确评价等，这些内容是完成科普演讲的初始条件，也是确定演讲方法技巧的前提。

不同科普内容对受众的文化基础、技能水平和能力要求是不一样的，所以，方法技巧必须与演讲内容相匹配，才能有效地将方法融汇到演讲的内容之中，达到为受众接受的目的。比如适用于知识层次较高的受众群体的演讲内容所使用的方法，运用到文化程度相对较低的群众中，效果就会明显不同；同样道理，使用适合于科幻内容的遐想、浪漫、夸张的方法，去讲解严谨、准确、直观的现实内容，也会让受众感到不知所云。因此，通常来说，演讲的方法技巧必须与演讲的内容密切对应，不同的内容往往决定了不同的演讲方法技巧。

根据专业选择

科普演讲包含了诸多的专业门类，涵盖了科学领域的方方面面，无论是科学知识范畴的物理、化学、生物和地理等各个专业，还是日常生活领域的环保、体育、健康和食品安全等不同门类，以及军事、管理、网络和生命科学等综合学科，无不涉及。正是由于其范围的广泛性，决定了科普演讲方法技巧的多样性。

现代科技的迅速发展，专业分工越来越细，不同专业、不同分工之间的差异也越来越大，对科普演讲者来说，不同专业的分工和差别越是精细，就越需要在演讲的方法和技巧上做够文章，因为，每个专业都会有自己的文化氛围及与之相对应的语境特色。不同专业的演讲方法有共性的地方，但也有很多是个性的地方。比如，军事专业的科普演讲，通常需要有一定的气势去驾驭，经常使用坚定果断的语气和干脆利落的手势配合演讲，而健康养生专业通常则需要有一种舒缓的氛围，要求演讲者语气平和、娓娓道来等。因此，专业上的差异，对科普演讲的方法技巧必然会产生一定影响，选择适应专业特点的演讲方法和技巧，是有效地将专业内容传授给受众的必要保证。

根据受众选择

《国务院关于印发全民科学素质行动计划纲要（2006–2010–2020）的通知》中将未成年人、农民、城镇劳动者、领导干部和公务员、社区居民等作为科学普及的重点人群。这些不同年龄、不同成分、不同基础的重点人群，其兴趣爱好、接受能力及知识储备存在着很大差异，这给演讲者所应采取的方法技巧，提出了比较严苛的要求。

在演讲实施中，方法技巧的选择，必须与受众的年龄、智力发展水平、认知能力及学习风格等因素相适应，要充分考虑到受众的心理特征和个性倾向。如成年人与中小学生是两个截然不同的受众群体。成年人参与科普，具有很强的目的性，如果是他迫切需要的，他们会乐意去学习，因此在方法选择上，要采取多途径的信息传递，将受众的关注，以通俗易懂的方法给予呈现；而中小学生则需要演讲者的引导，特别要注重运用趣味性来吸引他们的注意力，以增强学习兴趣。其他的不同受众群体，也都应有相对应的方法技巧，否则方法选用不当，采用与受众接受习惯相左的方法，必将影响演讲效果。

根据场地选择

科普演讲的场地可以是教室、报告厅、会议室，也可以是礼堂甚至广场，这些往往是由组织者和受众的需求来决定的。不同的演讲场地，同样会对演讲的方法的选择和运用产生影响。

阶梯教室和中小型报告厅比较适合演讲的组织，场面也比较容易掌握，效果会更好一些；礼堂、操场和广场，受众人数多、场面大，秩序容易混乱，给演讲者演讲方法技巧的发挥提出了更高的要求。

对于不同的演讲场地，演讲者必须从对氛围的营造、场面的把控到提问的方法、互动的形式，甚至到语速的疾缓快慢、声调的平仄高低等，都需要做一个通盘的谋划，在选择演讲方法技巧时，要综合考虑场地性质、空间容量和设施设备等条件，最大限度地适应与发挥演讲环境的功能与作用，想方设法克服和规避因场地对演讲带来的不便，以保证演讲效果和质量。比如，前面讲到的大场面的演讲，场地是礼堂或者操场，受众人数千人以上，那么你采取的音调必然高亢洪亮、铿锵有力，能够控制住局面；使用的语速要适当缓慢顿挫，吐字要更加清晰，让距离较远的受众听得清楚；现场提问、互动和演示等，也要尽量精练，与场面的需求相匹配等。

根据演讲者个人风格选择

演讲者的个人风格包括性格、阅历、学识、经验等，这些因素不可避免地会体现到科普演讲之中，比如热情奔放与温柔儒雅的不同、经验短缺者与经验丰富者的不同等，都会给演讲者的方法技巧带来差异。

因此，演讲方法的选择，必须要考虑到演讲者自身的表达能力、演讲技能、组织能力、讲话风格特征以及现场掌控能力等。演讲者要通过演讲实践，发现哪些演讲方法与自己的个人风格难以融合从而舍弃，摸索出更适合自己特点的方法技巧从而强化。如擅长语言表达的，宜以讲授法为主；善于引导受众思维的，可多采用提问法、讨论法；精于表演演示的，宜多穿插演示法、欣赏法等。总之，演讲方法技巧也因人而异，要善于扬长避短，根据自身的具体情况，选择与演讲内容和受众相适应，且适合本人特点的方法技巧，切忌

“东施效颦”，不顾主客观条件，盲目去效仿。

演讲者采用方法技巧往往不是单一的、绝对的，要在确立主体风格的基础上，进行合理的组合，要防止在方法技巧运用上的单打独斗。

当然，演讲者在实践中也应当不断地发现和弥补自身的短板和缺陷，主动去尝试和接受一些自己不太擅长但行之有效的方法技巧。

根据现场氛围选择

科普演讲过程是演讲者与受众情感交流的过程，在演讲中，不仅演讲者的爱憎、好恶能强烈地感染受众，同样，现场受众的情绪氛围也会对演讲者产生明显的影响。因此，科普演讲运用的方法技巧既能左右现场氛围，反过来，现场氛围的变化也在一定程度上决定了既定的演讲方法是否有效。

演讲者有时会遇到自己在台上滔滔不绝，而台下氛围却死气沉沉，甚至有人打瞌睡的情况；有时在上面扯着嗓子喊，底下却混乱无序，有的甚至随便走动打闹，这种现场因素既与演讲者的方法使用不当有关，同时又对其后续方法选择和调整也产生直接影响。这时若演讲者仍是一成不变地按既定的方法讲下去，必然收不到好的结果，只有演讲者迅速改变和调整演讲方法，有效转移和吸引受众的注意力，才能改变现场的氛围。这就要求演讲者有很强的应变能力，要灵活使用各种办法去有效地控制现场氛围，当出现不和谐的氛围时，应迅速有效地改变和调整方法技巧，去恢复并保持良好的现场氛围。

科普演讲的显性效果，很大程度是体现在演讲的现场氛围上的，很多科普演讲者也在想出各种方法手段去营造这种氛围，热烈火爆、气氛活跃的场面的确可以使演讲者如沐春风，尽情挥洒，也给演讲效果增色添彩。但热烈的氛围，只是科普演讲的一种表象，是通过它促进受众对内容的关注和理解的一种途径，而不是最终的目的，更不是评价效果的唯一指标，不能仅为了这样的效果而忽略了演讲的内容，要防止把它作为最终的效果，而使演讲流于低俗，毕竟科普演讲的目的是为了宣扬科学，而不仅仅是追求热闹。相反，受众平静的思索、会心的微笑、鸦雀无声的聆听，也不失为一种科普演讲追求的氛围。

通过长期的教学实践，课堂教学已经摸索了很多行之有效的方法和技巧，为科普演讲提供了丰富的可借鉴基础，下面介绍几种常用的课堂教学方法供科普演讲借鉴。

第三节 演讲的一般方法

讲授法

这是演讲者运用口头语言进行演讲的方法，是历史上最悠久，应用最普遍的方法，这也是科普演讲最常用的基本方法，它的熟练运用体现了演讲者的功底。

讲授法是科普演讲方法的基础，在实施中常常与其他方法结合使用，去进一步扩展它的语言魅力。演讲法包括一般性的叙述和艺术性的描述。叙述要求思路清楚、结构严谨、有吸引力；描述则要求形象生动、惟妙惟肖、有感染力。在具体语言运用上包括了直叙、演绎、夸张、比喻等。通过运用讲授法，演讲者用语言的魅力和激情把演讲内容声情并茂地表现出来，给受众以轻松愉快的心境，达到心灵的沟通，并使其产生难以忘怀的深刻印象。讲授法需要精确的语言设计，要求条理清楚，重点分明，深入浅出，言之有物，符合受众的认识规律，做到生动有趣，言简意赅，将重点放在关键问题的讲解上，不刻意追求面面俱到与天衣无缝，要留有余地，给出受众思考、消化和融会贯通的时间。

讲授法也有一定局限性，如果在运用时既不能唤起受众的注意和兴趣，又不能启发受众的思维和想象，极易形成注入式的讲授，因此要扬长避短，有效地结合其他方法综合运用。

提问法

是在演讲开始或进行中，围绕演讲内容提出问题，由受众单独或集体现场回答的方法。这是科普演讲在互动环节经常使用的方法。

每个人都有表达自己意愿的愿望，演讲者要善于给受众提供这样的机会，以增强受众的参与意识。科普演讲时提出问题既可以控场，也可以形成互动。提出问题就是将疑问抛给受众，让他们去思考，可能不是所有人都有机会直接进行回答，但是多数人都会认真思考。经过独立思考过的与演讲者直接讲授内容，其接受的效果是有很大差异的，前者能给听众留下更深刻的印象。

运用提问法时，首先要注意提出的问题应面向全体受众，是大家共同关注的，不能仅仅针对个别人，现场简单的一问一答，多数人漠不关心，这样达不到提问的效果。其次提出的问题要与讲解的内容密切相关，具有一定深度，能够吸引受众的注意，防止为提问题而提问题，缺少思考价值、就事论事引不起受众的兴趣，或问题超出了受众的理解范围，出现冷场的现象。

讨论法

是在演讲者指导下，根据提出的问题，给出短暂时间集体或分组讨论，推举代表或由演讲者点名现场回答的方法。这种方法主要是通过演讲者的现场指导，受众围绕提出的问题，借助独立思考和集体讨论的形式，通过相互之间的交流、启发、商量，发表对问题的看法，最后经过演讲者的归纳总结，进而达到获取知识的目的。

讨论法与提问法的不同之处在于，在回答问题之前，要专门给出一定的时间组织受众开展讨论，答案是经过集思广益形成的，是共同参与的结果。演讲中，巧妙地设置疑问，面向全体受众提出问题，能激起他们内在的学习动力和探究欲望，在讨论过程中获得成功的体验，树立学习的自信。在讨论完后，演讲者要根据大家的讨论结果进行总结归纳，针对讨论的结果有针对性的分析，肯定大家讨论成果的基础上，给出最终结论。这种方法要求演讲者要具有很强的大局观，有敏捷的思维转换能力，善于运用语言激发受众的学习热情，因此对演讲者的专业造诣和整体能力有很高的要求。讨论法的优点在于，年龄和发展水平相近的受众共同讨论，容易激发兴趣、活跃思维，有助于他们听取、比较、思考不同意见，在此基础上进行独立思考，促进思维能力的发展。

讨论法也有一定的局限，若运用不当，比如受到受众知识经验水平和能力发展的限制，或因受众的智力水平参差不齐的影响，容易出现讨论流于形式或者脱离主题的情况，对小学生而言更是如此。运用时还要注意掌握好讨论时间，对讨论有一个总体的把控，不冲淡演讲的内容和影响演讲的进程。

实验法

是紧紧围绕演讲的内容，根据实验规则，由受众通过操纵仪器设备而理解和获取知识，同时培养技能的方法。这里所讲的实验法，有别于科学研究的实验法，不是用于科学发明和探索，而是通过验证来学习理解已知科学。

实验法提供了受众自己可以动手操作、制作的活动内容和实物样品，给受众不同的体验机会，激发受众的参与欲望，从而取得良好的效果。如利用各级设立的科技馆已有实验设备进行演讲或运用便携式的实验演示教具进行演讲，通常都使用这种方法。实验法最主要的优点是：参与感强，易调动受众的兴趣，吸引其注意力。受众能够亲自参加或实地观看实验的全过程，取得的直观印象深刻，从而确信所讲的科技内容真实可靠，对通过实验所证明的理论和得出的结果，容易形成信念，有助于建立科学的思维模式。同时实验法本身又培养了受众的科学态度，验证了科学方法，学习了科学实验的技能，对提高受众的科研能力也具有重要意义。

运用这种方法，要在实验前做好各项实验准备，向受众详细说明实验步骤、目的和要求，挑选动手能力和理解能力强的受众参与实验，及时检查操作情况，指导、纠正实验活动中的错误，实验结束后要进行提炼总结。特别要注意各实验环节的安全防范，确保实验过程万无一失。

演示法

是演讲者向受众展示图片、实物、教具，进行示范性实验，通过直观的演示，使受众获取知识、发展能力的方法。这种方法通常作为讲授法的辅助手段使用。

根据演示物体的不同，可分为标本、模型演示，图片、照片、图表演示，视频、幻灯、录音演示，以及教具演示等。

俗话讲，耳听为虚，眼见为实，恰恰道出了人们获取信息与知识时有切身感受的重要性，通过演示的科普内容更容易为人们所接受。特别是文化水平较低和接触面较窄的人群，以及年幼者、老年人等，演示法的直观形式可以缩短人们学习科学知识的时间，增强学习的效果。

运用演示法需要精心选择演示教具，设计演示内容，在演示中，演讲者应注意吸引并保持受众的注意力，演示步骤示范到位，要将演示与讲授有机地结合起来，做到边做边讲，讲解简洁明确，演示干净利索，演示后进行总结，使受众把演讲内容与演示联系起来，形成正确的概念。

欣赏法

亦称情景演讲法，是指演讲者在演讲过程中为了达到既定的目的，创造出一定的故事情境或利用特殊内容和艺术形式，引入与内容相适应的具体场景或氛围，以引发受众的情感体验，帮助受众迅速而正确地理解演讲内容，进而产生积极的情感反应，领悟其中的科学道理的方法。

欣赏法的核心在于激发受众的情感，积极的情感对认知活动起着积极的促进作用，使受众把学习活动作为主动进行的、快乐的事情。欣赏法要求创设的情境能使受众感到轻松愉快、心平气和、耳目一新，促进其心理活动的展开和深入进行。科普演讲的实践中，也使人深深感到，欢快活泼的课堂气氛是取得良好演讲效果的重要条件，受众情感高涨和欢欣鼓舞的同时，往往伴随着科普内容的内化和深化。

运用欣赏法，要求演讲者有较高的舞台艺术素养和较强的现场调度能力，设置情境中的形象要和受众的知识经验相符，使受众易于接受，并产生如临其境的感觉，如科普情景剧等，要经过适当的排练，防止现场秩序混乱。

游戏法

是科普演讲者使用幽默风趣的语言和活泼运动的形式，将科普内容的传播植入到游戏活动之中，寓教于乐，让受众通过亲身参与游戏活动，自己去感悟和理解相关科普内容的方法。

人们在紧张的工作、生活之余，特别是周末和假日期间，往往是放松的时刻，心情较好。科普演讲者要分析受众的心理，在演讲中设计轻松、快乐的游戏形式和内容，通过游戏吸引人们参与，分享科学的美好和带给人们的便利和益处。

设计游戏形式，要注意区分对象，根据不同年龄和职业等，有针对性地合理安排节奏和强度，注意控制局面，防止力不从心和流于形式。

即兴法

之所以把即兴法单独列为一种方法，是因为科普演讲中会出现频繁的互动交流，有些问题在准备之列，有些恐怕就是“突然袭击”了，这是对演讲者应急处置能力的考验，必须即兴地做出反应；另外在科普演讲中也可能受各种因素的启发，灵光一现，发现了对所讲问题有更好的解释，就需要即兴地去发挥一下。

对科普演讲来讲，即兴法是指演讲者围绕演讲的主题，突破原有准备的局限，面对受众临时提问或兴之所至，有感而发，在没有准备或没有充分准备的情况下，短时间内对问题的精彩阐述。这里有两个要点需要把握，即“围绕主题”和“短暂时间”，所谓“围绕主题”是指即兴的内容必须在主题范围内，是对演讲主题的引申，而不是跑题；“短暂时间”是指即兴的内容要可控，演讲中不可能有足够的时间让你离开既定的设计，去长篇大论、尽兴发挥。这就要求演讲者能够在极短的时间内构思好主题、组织好语言、酝酿好情绪，用最精练的语言，表达出完整清晰、紧扣主题的内容，形成妙语连珠的效果，而且要见好就收，迅速回到既定的内容上。

即兴法看上去是临时起意，不需要专门提前准备，但它绝不是凭空而来，它需要平时大量的知识积累和学识积淀。

参观见习法

是演讲者根据演讲内容和目的，组织受众到科普场所进行实地观察、考察，通过讲解和观看，近距离接触演讲所指的主体，获取第一手信息和资料，从而实现科普演讲目的的方法。

实施参观见习法的场地，大至博物馆、科技馆，小至科普实习基地、科普演示实验室等，因其既有模型、实物和相关器材的展示，又有触摸、动手、参与的项目，具备了现场参观和亲身体验两个独有的特点，受到了大众特别是青少年的欢迎。实践证明，采取参观见习的方法，让受众成为科普活动的参与者，亲身体验，动手操作，共同完成科普活动，会充分激发受众的兴趣和热情，便于加深其对相关科学技术知识和方法的理解与掌握程度。

运用参观见习法实施科普演讲，在组织上较之其他方法要相对复杂，需要借助于相关的科普资源，安排好参观见习的程序，落实好各项保障措施等。另外，自有的参观见习场所，各类展品、设备也需要定期更换和维修，以保证科普演讲的效果。

网络法

是以网络为主要传播介质的科普演讲方法。科学传播借助网络则可以增加受众量，大大提高科学传播效果。目前，移动互联网、短信、微信、微博、电子书、微电影、微视频、移动电视等新媒体形式不断涌现，为人们工作和生活带来了极大方便的同时，也使科普演讲运用网络传播成为可能，特别是如今传播已进入了自媒体时代，也促进了人们通过网络获取科普知识的需求。与传统的大众传播媒体不同，网络不仅是一个传播的渠道，更是一个交互性的平台，网络的交互性包含了双向性和控制性两个维度，每个人均可平等参与到科学传播之中。

科普演讲采用网络法不仅可以满足人们个性化的科普需要，还能够及时提供人们所需的专业化的帮助，使受众可以根据自己的需要和爱好选择适合自己的服务，获取有用的技术帮助和相关的科技信息。因此，科普演讲通过网络，可以有效地增强科普传播速度，进一步激发公众对科技的兴趣，提高公众参与度，促进受众主动获取科普信息。目前的新媒体科普，就是利用网络法进行科普演讲的有益尝试。

科技型演讲法

是以计算机和人工智能技术为支撑、以多媒体演示为主要表现形式的演讲方法。

随着科技的进步，人类学习的过程将逐渐从被动地接受外界刺激的过程，转变为外界刺激与人的内部心理相互作用的过程，从科学技术的发展来展望，实现这个过程已经逐渐的成为可能。多媒体技术作为一种工具，可以充分发挥声、电、光、影、形、色等多元素的功能，在这个基础上，利用人工智能、大数据和网络资源来创设情境，与人的心理活动形成共鸣，实时收集人们对科技的疑问，寻找大众对科技发展的渴望，使科普演讲更具生动性、主动性和前瞻性，使科普演讲不仅仅局限于传统的文字、图片的呈现形式，而是采用更现代化的大型多媒体演示、虚拟现实、人工智能等方法，辅助讲解，使受众身临其境，充分体验科学技术的美好和魅力，更有效地激发受众的兴趣，使其积极地参与此情境下建构的科普活动，极大地提高科普演讲的效果。

科普演讲的全过程是指从确定演讲题目开始到结束演讲并完成总结的整个流程，通常可划分为准备演讲、实施演讲、总结梳理、完善提高四个阶段。在不同阶段，需要根据实际情况选择和运用不同的方法技巧。

第四节
准备演讲阶段的技巧

这个阶段通常是从领受或自定了科普演讲题目到开始演讲之前的时间段。演讲者要与科普演讲题目作深度的“对话”，认真解决要讲什么、对谁讲、采用什么方法、达到什么预期目的的问题，对演讲题目所涉及的内容进行严谨的设计，最后形成一个完整的演讲脚本和课件，并进行充分的演练和准备，达到熟练的要求。除此之外，演讲者还要准确地掌握本次演讲的具体任务，主动加强与主办单位的沟通和协调，把握好演讲直接准备的具体细节，落实好计划，并督促相关人员做好准备工作。准备阶段主要有以下方法技巧。

确定主题

主题是指科普演讲的中心思想，泛指主要内容，也就是你重点要讲什么。主题是科普演讲的灵魂，左右着演讲的质量和价值，是演讲全过程的统领。

确定主题要根据你所要讲述的内容而定，每一个演讲通常只设置一个主题，切忌主题多样，看似内容丰富，实则杂乱无章，不得要领。还特别要强调，在确定主题时，一定要突出新意。科普演讲的主题，不应该仅仅是现成的科学知识的讲解，而是赋予了科学普及的二度创新意义。新意的取得，可以从受众的视角对演讲内容进行审视，从解决受众困惑的难点出发，独辟蹊径得到新见解；也可以联系所讲述的内容的发展演化过程，通过深入挖掘赋予新的意境；还可以用新的手法和表现形式去给一些似是而非的问题以简洁明确的答案等。总之，在确定主题时，要充分体现演讲的思想价值和审美情趣，要有很明显的科普演讲特色，要具有对内容阐述的新的意境和独到的见解。

了解受众

科普演讲通常根据不同的受众，一个题目会有不同的版本，比如小学版本、初中版本、高中版本、成人版本等，也有些可以使用同一个课件，但在实施演讲时针对受众的不同，课件内容会有所侧重或增删，还有的演讲者习惯根据受众所在的地域或单位，临时增加与之相关的内容，以引起共鸣，增强效果等。这些都必须建立在对受众全面了解的基础上。了解受众的内容主要包括：年龄、文化程度、教育背景、职业、性格特征、学习诉求、接受习惯、价值观等。比如同一个演讲题目，给小学三、四年级的学生讲与给高中的学生讲，在内容的把握上是有很大区别的，如果对这个情况不了解，仓促上阵，演讲就会缺乏针对性，甚至会乱了阵脚。受众是科普演讲活动的重要要素，是演讲目的的实现者。演讲者只有树立正确的受众意识，全面了解本次演讲的受众情况，掌握受众的基本特点和心理特征，熟悉受众接受信息的方式，才能做到胸有成竹、有的放矢，增强演讲的针对性和实际效果，实现预期的演讲目的。

构思结构

构思结构主要是指对演讲的形式、内容等进行的统筹安排，通过构思搭建起一个完整的叙述框架。这是确立演讲内容、观点、材料等运用方法的依据，也是对演讲过程的布局、顺序、层次、段落及开头和结尾方式选择的系统思考，是预先准备的重要过程。只有潜心构思，才能使后续的工作思路流畅，为写好提纲和脚本打下基础。

构思结构时，最重要的一项就是斟酌主题的表现方法。要遵循演讲的主题思想，注重结构上的严谨，做到环环相扣、首尾呼应，使主题贯穿于演讲的全过程。

首先要主线清晰、防止松散，要层层深入地开掘主题内容，根据主题恰当的取舍材料，并一以贯之地对取材加以组织，围绕主线展开结构的搭建；其次要合理编排、突出重点，要始终把传播科学思想、弘扬科学精神作为构思的重点，通过科学知识的讲解和融会贯通，构思出培养受众科学思维的路径和方法；再有要整体统筹、关注细节，演讲内容是一个完整的整体，既要前后关联，又不能平铺直叙，要在把握整体的基础上，通过巧妙的构思和情节设计，使各个环节连贯有序、跌宕起伏、引人入胜。此外还要考虑恰当的表现手段、篇幅、体裁等。

搜集资料

资料的形式包括文字、图片、数据以及音像资料等。充分收集翔实的资料，是预先准备中各项工作的基础，需要花费很多时间和精力。

一是广泛涉猎，充分利用已有的收藏，并通过图书馆、资料室、互联网等途径，在力所能及的基础上，尽量多涉猎与演讲课题相关的资料，只有多角度的选材，才能使主题得到深刻有力的表现，才能使内容波澜多姿，饶有兴味；二是分门别类，可以把资料分为权威资料（由权威部门提供的、政府统计部门和主管部门核准的资料，并以专题研究成果为补充）、前瞻资料（与演讲内容相关的研究性、探讨性、预测性的资料）、可借鉴资料（与演讲内容相关联的其他学科专业的资料）等，并注明资料的出处，以便使用和查证；三是去伪存真，对现有资料的使用价值、准确性等进行仔细评估和分析，把有关专家间的意见和分歧点梳理清楚，做到合理取舍，特别是对互联网下载的资料的可信度和准确性作出判断。

拟制提纲

根据演讲题目和主题，按照构思出的基本结构，利用收集的资料，拟制出一个大体路径，用以疏通思路，形成骨架，起到提纲挈领的作用。

提纲是脚本的轮廓，应尽量写得详细一些。撰写提纲通常采用标题式和提要式两种方法。标题式提纲是以简明的标题形式把脚本的内容概括出来，用最简明的词语写明某部分或某段落的主要内容和表现形式，这样既简明扼要，又便于记忆；提要式提纲，是在标题式提纲的基础上，更加具体和明确地概括出各个层次的基本内容，实际上是脚本的缩写。以上两种提纲形式，可根据实际需要和个人的习惯选用，无论使用哪一种，其目的在于启发演讲者的思维和创造性，增强脚本撰写的条理性。

通过拟定提纲，一方面可帮助演讲者从全局着眼，进一步明确层次和重点，保证脚本有条理，结构严谨；另一方面，通过提纲把演讲者的构思、观点用文字固定下来，做到目标明确、主次分明。再者，随着提纲的形成，思考逐步深入，会有新的问题发现，会有新的方法和新观点产生，经过调整后，可以使原来的构思得到修改、补充和完善。

编排故事

讲故事是科普演讲必不可少的方法之一，而编排好故事，又是讲好故事的基础。无论编排什么样的故事，都必须为演讲的主题服务。

编排故事之前，首先要明确编排这个故事的目的是什么，要告诉受众些什么，通过这个故事要表达什么思想，它的教育意义或者是现实意义何在，它与演讲的内容有什么内在联系等，这是编排故事之前要明确的问题。要编排一个好的故事，需要把握好以下几点：一是故事的结构要相对完整，包括事件起因、发展过程、矛盾冲突、解决对策、结局设定、借鉴思路等；二是要巧妙设置悬念，既能有效地使受众集中注意力，又能使他们保持这种注意力，使其聚精会神地听下去，在提出问题与解答问题之间，能更好地阐述主题；三是讲述的事件（人物）要鲜明生动，语言表达要准确、简明、连贯、得体，阐述的观点要明确而不含糊；四是内容要紧凑，富有节奏感，防止拖泥带水、长篇大论；五是紧扣主题，演讲不是单纯地讲故事，主要是通过故事来生动地描绘和陈述观点，时刻记住你的故事要与科普演讲的主题保持相关性，如果缺少这些，编排的故事再精彩，效果也不会理想。

撰写脚本（演讲稿）

演讲稿是为科普演讲所准备的书面材料，是进行演讲的基本依据，既是演讲载体的视觉化，也是对演讲内容的固化。

科普演讲虽然以脱稿演讲为宜，但有一个好的演讲稿，会为今后的脱稿演讲打下基础，同时也为多媒体课件的制作提供了依据，因此，科普演讲提倡撰写演讲稿。

首先，要依据演讲的时间，对演讲稿的字数做出基本估算，做到对篇幅心中有数，其计算方法是，篇幅=演讲时间 × 语速（字 / 分钟），一般来讲，科普演讲的语速应控制在每分钟 140 ~ 200 字，比如 60 分钟的演讲，其演讲稿的字数在 8400 ~ 12000 字。其次，是根据演讲主题与受众情况选择材料，这是对已有材料的具体利用。选取的材料必须能充分地表现主题，有力地支持主题，要特别注意选择那些新颖的、典型的、真实的材料，使主题表现得更深刻、更有说服力，同时，材料的选择还要与受众的政治素质、社会地位、文化教养，以及心理需求等相匹配，选用的材料要尽量贴近受众的生活。第三，精心安排好开头、主体和结尾。不同类型、不同内容的演讲稿，其结构方式也各不相同，但结构的基本形态都是由开头、主体、结尾三部分构成。对各部分的具体要求是，开头要先声夺人，富有吸引力；主体部分要层层展开，环环相扣；结尾要干脆利落，简洁有力。一篇好的演讲稿应做到以下几点：一是主题导向正确、内容健康；二是适应对象、有的放矢；三是观点鲜明、情感丰富；四是情节变化富有波澜；五是语言流畅、深刻风趣 。

制作课件

多媒体课件是在传统的幻灯片基础上发展起来的一种演示文稿（通常使用 WPS 或 PPT 软件制作），演讲者可以运用它在投影仪或者计算机上进行图片、文稿和视频等的演示，多媒体课件中的每一页都可以叫幻灯片，每张幻灯片（视频）都是多媒体课件中既相对独立又相互关联的内容。

多媒体课件具有易学好懂、图文并茂、生动活泼、直观高效、表现力强和富于启发性的特点和优势，可以帮助演讲者清楚地表达和传递信息，特别是科普演讲，要把许多深奥的科学道理用浅显易懂、直观形象的方式表述出来，用多媒体课件作为一种辅助手段是必不可少的。

多媒体课件始终是为内容服务的，所以，重点是根据要表现和展示的内容，把课件的逻辑和脉络处理好，做到与科普演讲的需求和节奏紧密联系，按照设计的逻辑顺序，把握好每张幻灯片的内容以及关联，形成一个浑然一体、脉络清晰的整体。

制作课件又是一个需要长期磨炼才能真正精通的技能，需要通过不断实践去逐步熟练。制作课件时有一些细节需要具体把握，比如，要选择合适的课件模板，使每张幻灯片具有统一的特征，模板可以自己设计，也可从模板素材网站选取；幻灯片的字号要设置得大一些，一般来说 20 号以上的字才能保证最后一排也能看见；重要内容最好不要放得太靠下，后排的受众很有可能被前排遮挡；尽量不要在一张幻灯片上出现大段文字；色彩不宜太多、太杂，切忌大红大绿，通常情况下同一页面中的颜色不宜超过 4 种；注意使用高清无水印以及和文字相关联的图片；插入的视频资料不要太长，最好经过剪辑软件的处理等。制作一个高质量的多媒体课件，对科普演讲来说，可以显著地提高科普演讲的效果，起到事半功倍的作用。

多媒体课件的制作与使用要注意适时得法，既不能背离演讲内容，太过于花哨，也不能通篇文字，缺少创意，要充分发挥多媒体的优长，做到既直观，又活泼。

准备教具

教具是对科普演讲中所涉及的较为抽象的内容进行辅助讲解和演示使用的教学用具，包括模型、实物、标本、图表等，具有真实、具体、直观、形象的特点，通过使用教具使受众对所讲的内容建立直观的印象，以便受众理解和掌握，特别在面对中小学生演讲时，适时地使用教具，既有利于他们理解和接受，又能起到增加学习兴趣的作用，很受学生们欢迎。

教具的准备要本着实用的原则，宜精不宜多，不宜太大或太小，也不宜过于复杂，既要考虑受众的年龄特点，又要考虑演讲的需要。教具的制作要精巧，要保证使用安全，可以利用现成的实物，也可以利用废旧物品制作，但绝不可以粗制滥造，以免给人造成不负责任的感觉。

教具的准备还包括演讲者对教具熟练使用的准备，要把教具使用的方法、程序及注意事项烂熟于心，保证现场使用时得心应手。

试教练讲

完成了上述准备之后，下面要做的就是熟悉演讲内容，进行试教练讲了。试教练讲简单地说，就是模拟或营造一个与演讲场合相类似的环境，通过对演讲主题的把握和对内容的熟练，去感知和适应你的受众，进而能熟练应对演讲中可能出现的各种情况，还可以尽早知道在哪些地方需要加强、哪些内容还需要调整。

通过试教练讲，演练方法、摸索规律、形成套路。实践证明，科普演讲成功与否，不在于你有多好的演讲天赋、有多少能打动受众的演讲内容，而是在于你能不能从容地去面对演讲的受众，妥善地处置可能发生的各种问题。这种能力的形成，必须要经过反复的演练、揣摩和感悟。试教练讲时，就像平时科普演讲一样，把空荡的教室，当成坐满受众的讲堂，根据预置的不同的场景，模拟不同的氛围，使自己比较自如地进入角色，大声地演讲，从中体会说话的音调和音量，寻求适合自己的演讲风格、措辞方式、表述技巧、肢体配合、气息把握、仪容调整等。对演讲时间的控制，也是在反复的试讲中确定的。有条件时，也可以找一些科普演讲爱好者或演讲方面的专家，倾听他们的意见，不断完善提高。通过这样反复的练习，熟悉演讲内容，找准可行的方法，建立充分的自信，为实施演讲做好充分的准备。

确认规模

规模通常由主办方确定，一般来说，科普演讲的规模控制在200人左右为宜，人数过多，增加了现场把控的难度，甚至会影响演讲的效果，人数过少，受众面小，现场的氛围会略显不足。

但不管规模大小，都要沉着应对，运用可行的办法完成好演讲任务。这就需要在演讲前和主办方确认演讲的规模，明确受众的人数，如果受众人数与预期准备有较大出入，应立即思考应对措施，对演讲的语速、音调甚至内容等，做出相应的调整，迅速适应受众人数对演讲的要求，从而保证演讲的效果。

熟悉场地

提前熟悉演讲场地，以适应演讲环境，对于有效地实施科普演讲有着重要的作用。熟悉演讲的场地，包括会场的大小、座位的排列、采光线的明暗、音响的效果、话筒的数量、屏幕的质地、讲台的摆放等，要把这些事情做好，必须事必躬亲，千万不要想当然。因此，一般情况下，演讲者要提前半小时到达演讲现场，对需要了解和熟悉的事项，当场与负责的工作人员交流。比如，投影的屏幕若是LED屏，你使用的红色激光笔就会失效，要调换绿色的激光笔或木质教鞭；若场地光线太强，课件中对比度低的浅色就要做一些调整，使得后排的受众也能看清屏幕上的内容；还要对话筒音响进行调试，避免失真和杂音，尽量使每名受众都能听清楚，这些都需要在熟悉场地时得到解决，以确保演讲万无一失。

连接设备

由于演讲者制作课件时使用的字库和播放软件等可能会与组织方提供的电脑里安装的不一致，造成投影出来幻灯片失真，甚至有的视频播放不出来，直接影响演讲效果。因此，建议演讲者自带笔记本电脑，这就要特别关注笔记本电脑与投影仪音频、视频线的连接。因为演讲场所的多媒体硬件条件差异很大，有时候设备连接会缺东少西，有的甚至会出现难以连接的情况，所以，演讲者要提前准备，随时处置可能出现的特殊情况。比如可以自带小型音箱，在音频无法播放时，使用自带音箱并通过话筒扩音，可以起到救场的作用。多媒体设备连接好之后，需要对课件音频和视频的内容进行试播，保证课件播放拥有良好的效果。

检查教具

如果在科普演讲中准备了教具，那么在正式演讲前，必须对将使用的教具进行认真的检查，对于结构较复杂、使用较烦琐的教具，最好能够试用一下，发现故障和隐患立即排除，若一时难以解决，宁肯舍弃，也不能带着故障和隐患进行演示。因为科普演讲的时间有限，留给演示的时间不会很多，若教具准备不充分，在演示时出现故障，不仅无法达到演示的效果，还会影响进度和安全，给演讲全局带来不利的影响。因此，一定不能嫌麻烦或过于自信，通过严谨细致的检查和试用，确保教具在使用时不出现意外。

调整情绪

干任何事情都需要有相应的情绪支撑，科普演讲更是如此。直接演讲前的一个重要准备，就是迅速把自己的情绪调整到开始演讲的状态，否则，人不在状态上，等到开始演讲了再调整就来不及了。调整情绪的方法有很多，如上台前做一些精神和身体的放松，提前五分钟就安静地坐在座位上，目视远方、深呼吸，在身体放松的同时，头脑也会跟着清晰起来；还可以在演讲前在脑子里把演讲大纲粗略回顾一下，特别对练讲时容易卡壳、出错的地方多过几遍，上台之后，就会觉得正在经历的情景早就熟悉，便会信心大增；为了消除紧张情绪，也可以在演讲前，听一首轻松愉快的乐曲，看一些有趣的文章，和身边的人聊一些轻松的话题等；也可以采取自我暗示的方法，达到增强自信的目的。总之，要根据演讲者自身的具体情况，掌握能够迅速调整情绪的方法，对于顺利进入演讲，将起到意想不到的积极作用。

进入状态

这是由准备到实施的过渡，是一个承前启后的重要节点。俗话讲，万事开头难，能否迅速进入演讲状态，是科普演讲开好头的关键一步。所谓演讲状态，是指演讲者和受众在特定的时间和环境里相互影响，产生的现场氛围和情绪感受。这种状态，对于体现演讲者的水平，甚至超常发挥都会起到重要作用。要重视演讲开始的前 2 ~ 3 分钟，认真规划好在这短暂的时间里所应有的状态。有的演讲者在开始演讲前拿出一点时间“热场”，力求用生动的形象、风趣的语言去渲染气氛，调动受众的情绪，使演讲者和受众都能够兴奋起来，而一旦进入了这个状态，接下来的演讲必然会声情并茂，真切自如，产生强烈的激发力和感召力。要做到这点，首先，声调和音量可以适当高一些，要动用丹田气息发声，让你的声音充满整个会场，一方面可以消除会场里的杂音，使受众的精力集中在你的身上，另一方面，因为你大声讲话，也能有效地调动自身的情绪，使自己很快进入兴奋状态，进而主导全场的氛围；其次，要让演讲的声音充满激情，一般不宜用低沉的音调讲话，那样会让会场中的气氛变得沉闷起来，反过来，也会让自己感到紧张，难以把控全场；再者，不要用过慢或过快的语速讲话。过慢容易使人听着疲劳，难以吸引受众的注意力，过快则可能使受众听不清楚演讲的内容，还会导致自己的思路跟不上或者舌头打结，把每一句话说清楚了，再说下一句，不紧不慢，才显得从容自如。

第五节
实施演讲阶段的技巧

这个阶段是从演讲的开始到演讲结束之间的时间段。这个阶段是科普演讲的核心阶段。演讲者要直接面向受众，在充分准备前提下，尽最大可能发挥自身的水平，展现演讲者的风采，将科普的内容有效地传授给受众。这个阶段的方法技巧很多，演讲者要依据自身情况，有针对性地选取，归纳起来主要有以下几点。

轻松开场

开场对科普演讲十分重要，一个好的开场，可以确定演讲基调、营造演讲气氛、表明演讲主旨、沟通感情，使全场人员情绪饱满，注意力集中，为后续演讲的顺利开展奠定基础。

一个好的开场要把握以下几点：一是要在一个轻松和谐的氛围中开场，使受众能够感受到紧张学习工作之后的一种放松和温馨，因为谁也不愿意在紧张不安的状态下听什么演讲，同时，轻松的开场也有利于演讲者稳定情绪，不会一开始就把自己搞得很紧张，造成一上台头脑就一片空白；二是要有一个与主题内容密切相关的开场，必须围绕着主题展开，不能为开场而开场，用热闹的开场冲淡了要表述的主题，要把开场作为主题的铺垫，自然而然地引出主题内容；三是要选择一个新颖的话题开场，要想方设法在开场上求新，使人眼前一亮，不要用那些很死板的开场，什么“今天很高兴来到这里，我的演讲题目是什么”，给人“老一套”的感觉，更不要一开场就自吹自擂，头衔成果介绍一大堆，容易引起受众的反感，毕竟大家是来听科普内容的，不是听什么名人介绍；四是要选择一个吸引受众注意力的开场，具有吸引力的开场可以在第一时间就抓住受众的好奇心和注意力，使受众自然而然地进入到你设计的意境之中。开场的形式多样、灵活多变，例如提问式、开门见山式、格言警句式、诙谐幽默式、悬念式、类比式等，你总是可以利用这些途径中的任何一种，设计出一个适合自己的开场方式。

语言运用

对演讲者来说，写好了演讲稿，不一定就讲得好，有文采的人，不一定有口才。作为一名科普演讲者，既要善写，更要会讲，从某种意义上说，讲比写显得更为重要，如果演讲者讲话语无伦次、拖泥带水，那么，再好的演讲稿，也会枯燥乏味。

科普演讲中正确的运用语言，可以采用以下方法。一是要通俗易懂，贴近生活。尽量使用受众听得懂的语言，在语言上完成科学术语向大众用语的转化，尽量避免技术词汇和生僻拗口的概念，要使用常用词语和一些较流行的口头词汇，使语言富有生气和活力，更接近受众的习惯。二是要形象直观，言之有物。语言要具体形象，所描绘的事物要让受众听得明白，并能产生联想，具化了的事物可以使听众产生兴趣。三是简洁精炼，铿锵有力。使用短小句式，用词尽量简练，演讲不宜使用过长的句子，因为句子长、词语多，如果不熟练或停顿等处理不好，演讲者会感到力不从心，受众听起来也会觉得吃力。还要把握好语气的着力点，要干脆利落，掷地有声。四是避免高深，切忌生僻。科学的内容一般要通过大量的数字、公式、推导、计算等来体现，但科普则应尽量回避这些，特别是过多的数字、过细的演算等，使用数据不宜过于频繁，不必做过多的运算。用词过于生僻，不仅会使语言枯燥无味，受众也会不知所云。五是要富有特色，形成风格。科普演讲不必追求千篇一律的语言风格，演讲者要善于挖掘自己的语言潜力，发挥自身优长，用自己的语言风格演讲，会让人感到更真实自然，更富有吸引力。六是充满感情，以情动人。要把自己的真实情感融入演讲中，首先感动自己，才能感动别人。在演讲时可以多用一些富有感情色彩的词语，比如非常好、太美了、太棒了等，要爱憎、褒贬分明，但也要根据受众对象来掌握分寸。七是用词准确，不含歧义。演讲时词语的运用，要做到准确、鲜明，指向清楚，这样会形成话语的力量和气势，不要使用模糊词，比如大概、或许、可能等，同时要注意转折词、连接词、感叹词的运用。另外，演讲时必须声情并茂，而声情并茂必定离不开眼睛的帮助。眼神有时也是一种语言。如果你在演讲时眼神躲躲闪闪，那你必定是不自信的，科普演讲非常忌讳眼神总是盯着一个地方，给人一种背课文的感觉，造成演讲的生硬和缺乏生气。视线控制也非常重要，演讲者应该多和受众中表示肯定、赞赏、敬佩的目光交流，来增强自己的信心。

语调把握

科普演讲是以声音为主的传播形式，对语调的要求十分讲究。所谓语调，就是指说话时声音的高低、轻重、快慢、停顿的变化等。

语调有以下几种运用技巧。一是轻重把握有度。要善于利用轻重音的起伏变化，来有效地传情达意，这既能突出地表现某种思想感情，又能加强语言的色彩，美化语言。二是语速快慢有致。演讲的语速应当有快慢缓急的变化，一般来说，在表达一般内容时，语速可以适中，当表达热烈、兴奋等情感时，语速就要快些，讲到庄重、失望等感悟时，语速要适当放慢些。如果语速不当，缺乏快慢变化，始终保持一个速度，那就很难准确、恰当地表达出演讲的内容，也容易使受众感到厌烦。演讲时语速的变化，应当是自然、顺畅的，使人听着舒服、惬意。三是语调高低抑扬有序。演讲中，要注意对语调进行高低抑扬变化的处理，既不能情绪亢奋、一路高歌，也不能有气无力、始终低迷，一般说来，语调由低到高，多用于疑问句，语调由高到低多用于陈述句、祈使句和感叹句。只有使音调的高低随表述的内容和内在的情感而变，才能达到最佳的演讲效果。四是停顿变化有节。停顿，就是说话时的间歇。演讲不仅要有停顿，而且还应该利用停顿，使停顿变为一种表达艺术，以求更有效地体现演讲者的思想情感。一般说来，停顿有三种，即自然停顿、文法停顿、修辞停顿，对科普演讲来说，无疑应综合运用这三种停顿，使它们变为一种技巧性或艺术性的停顿。具体来说，在正常情况下，可做自然性停顿；在一些特殊情况下，比如向受众提出问题之后、表明某个重要观点之后、道出妙语警句之后、讲清一个相对完整的道理之后等，都可以选用文法停顿或修辞停顿，给受众留出一定的时间思考和回味，同时也可使其享受到一种语言的节奏美。

教具使用

教具可以将文字符号变成可感的形象，使说教的内容变得具体化，讲解的物体“静”变为“动”，有利于调动受众的视、听、说等各种器官，使大家思路活跃，处于兴奋状态。

正确使用教具，可以激起受众的兴趣、增强演讲实效、有利于受众对内容的理解和接受。演讲中的教具使用要把握好以下几点。一是正确把握好教具的使用时机。使教具在合理的时间准确的使用，展示的时机一般要选在受众思维火花闪现之时，或是在产生悬念、兴趣、求知渴望之际，此时辅以教具效果最佳。二是要熟练教具使用的步骤。准确展示教具是演讲者认真严谨的体现，抽象知识的具象化是否规范准确，直接关系到受众对演讲内容的正确理解，演示时先做什么后做什么必须做到心中有数，熟练掌握教具的使用方法、程序和注意事项。三是要注意教具的合理摆放。教具带到课堂后，最好搁置在受众不易看到的地方，到需要的时候再拿出来，并展现在大家都能看得到的位置，用完之后，应立即收起，以避免干扰注意力，影响演讲效果。

进度管控

科普演讲应该在约定的时间内完成，不要提前，也不要拖延，特别是给中小学生做科普，更应该严格按照约定的时间结束，以免影响他们的后续课程。

要做到这一点，可以从以下四个方面入手。首先，加强演练是基础。要确保你的演讲时间控制准确，不拖场、不抢时，就需要反复不断地演练。刚开始可以照着演讲稿计算语速，熟练后可结合课件来设计时间，最后达到对演讲所需时间心中有数，甚至可以精确到每张幻灯片的用时，实践证明，演练越多，越接近实际情况，对时间估计的误差就越小。其次，分配好段落。演讲时间是设计出来的，若把科普演讲分为开场、主要内容、结论三个部分的话，其大致时间比例20%、70% 和 10%。比如十分钟的演讲，那就是开头 2 分钟，主体 7 分钟，结尾 1 分钟。除了总体时间的把握外，演讲各段落内具体问题的时间比例也要做到合理分配，特别对重点难点内容，分配的时间要相对多一些，这样一来，对演讲各段落的时间一目了然，也就知道以什么语速来控制演讲时间了。再者，减少节外生枝。演讲中要做到语言简练，不可废话太多。不要过多的即兴发挥，更不能跑题。要控制好提问时间，时间多就多回答几个问题，回答尽量详细；时间少就少回答一些问题，回答的内容要适当简练。还可用总结法填满时间。最后，随机调整。主要包括两个方面，一个是用语速来调整，一般情况下，人耳对语速的接受程度，即辨析率是 4 ~ 5 字 / 秒，合每分钟 240 ~ 300 字，演讲中为了取得好的效果，一般将语速度控制在 140~200 字 / 分钟，由于语速在这个范围内调整，对受众接受的影响较小，因此，在这个范围内，可根据实际需要通过语速来调整进度；另一个是用增减内容的方法来调整，在对演讲整体不产生大的影响的前提下，利用提问法、互动法等对既定的内容做适当的增删，可达到控制演讲时间的目的。

稳健收场

一个完美的收场，犹如交响乐结束时的强音，动人心魄，给人留下深刻印象，令人回味无穷。反之，如果演讲者收场时说些索然无味的空话、套话，就算你前面的演讲再精彩，效果也会打折扣。

我们追求收场的稳健，就是使演讲的结尾稳而有力，既不突兀，又令人振作，既是对全篇演讲的总结，又使主题内容得到深化，不仅能帮助受众回忆前面的内容，也能梳理整合画龙点睛，使整个演讲显得结构严谨，耐人寻味，首尾呼应，浑然一体。

收场的类型和方法有很多种，比如，把演讲的高潮设计在最后的高潮式、重复题目突出重点的点题式 、表达决心发表誓言的决心式、热烈祝贺由衷赞扬的祝贺式、总结概括梳理归纳的总结式、留有余地令人遐想的余味式、激励感召催人奋进的呼吁式、抒发情怀挥洒感慨的抒情式、洒脱风趣欢声笑语的幽默式、至理名言哲理警句的名言式等，收场的方式多种多样，不拘一格，演讲者可根据自己演讲的具体时间、地点、主题、受众特点及自己个性等因素，选择合适的收场方法。为了达到稳而有力收场的目的，演讲者很有必要进行认真的准备和反复的演练，甚至有时要一个字一个字地推敲，使演讲的结尾打动自己打动受众，给人启迪给人力量，掷地有声回味无穷。

第六节
总结梳理阶段的技巧

这个阶段是从演讲结束到对演讲稿动手修改完善之间的时间段。这个阶段是对已完成的科普演讲的回顾总结，也是一次深刻的反思。演讲者要认真回顾演讲的全过程，总体把握，注重细节，自查存在的问题，同时要广泛听取意见，及时进行梳理总结，发现问题，找出原因，提出解决的办法。

及时回顾

这是科普演讲全过程不可或缺的一个环节，它如同演讲准备和演讲实施中的各种方法技巧一样，对于提高演讲质量同样十分重要。

及时回顾，就像“棋手复盘”一样，对刚完成的演讲的情形进行回放，既要看到成绩，更要找出问题和经验教训，并从中摸索特点规律，用于指导下一次的演讲。回顾的内容大致可以概括为4个方面。一是对演讲全过程的把握，是否按照既定的计划达到了预期效果。二是演讲中有哪些明显的不足和瑕疵，是准备不足还是内容不当。三是通过这次演讲领悟到了什么，哪些方面有所长进。四是哪些问题还没有得到解决，仍存在哪些困扰。

回顾的方法，一般从两个方面入手，一方面是从自身的演讲行为进行回顾，主观上看在演讲中的表现，自己演讲的态度、方法运用和临场发挥等，要全面严谨，注重细节；另一方面是从受众的现场表现入手，通过回顾客观因素，重现演讲的实际状况，比如受众的情绪、互动的状况等，从中折射出演讲的问题，要客观实际，总体把握。在回顾中，要善于分析归纳，找出哪些因素比其他因素发挥了更大的作用，为解决主要矛盾提供依据。

回顾是连接过去与未来的纽带，重在及时，贵在自觉，不应该当作任务去被动地完成，而应该视为自我提高的一种自觉行动，甚至应该成为一种习惯和乐趣，每次演讲结束之后，乐此不疲地去回味。对演讲经历少或新开设的演讲课题，演讲者更应该主动地回顾总结。通过回顾，对演讲的全过程进行系统梳理，将稍纵即逝的体会感悟和思想火花记录下来，为不断提高演讲水平和质量提供依据。

听取意见

科普演讲过程是个复杂、多层次的实践过程，存在问题和瑕疵是在所难免的，对于存在的问题，有的演讲者本人在演讲回顾时能发觉，有的则是靠主动倾听各方面的意见和评议而得知。

听取意见的范围通常包括两个方面的人员。一个是同行，即同一专业或相近专业的人员。最好在演讲时能邀请到专业同行到现场，他们对你演讲的专业内容会有着深刻的理解，可以从不同的角度和深度提出精辟独到的见解，是对演讲内容准确性的重要评价来源。另一个是科普人员，演讲的组织者会经常安排现场观摩或试教练讲，这是听取意见的极好机会，这类人员有着丰富的科普演讲实践经验和切身的体会感受，对演讲方法技巧的正确运用有着敏锐的嗅觉，是重要的意见来源。听取意见首先要端正态度，他山之石，可以攻玉，“三人行，必有我师焉”，要抱着一个虚心求教的心态，放下身段，切不可摆架子、走过场；其次要听得进批评，认真听取他人的意见，这既是学习进步的条件，也能折射出一个人境界的高低，一般来说触及问题实质的意见往往比较尖锐，听着可能会不舒服，这就需要听者尽量从正面和积极的角度去理解，即便是与自己的观点相左，或可能是不正确的意见，也要坐得住、听得进，要学会尊重他人的看法和建议，有则改之无则加勉，从谏如流，兼听则明，使我们的演讲水平在批评中不断进步。再者要善于分析，各种意见肯定会有对有错，这就要求我们去分析研究，用辩证的观点来看待别人的意见，多方位、多角度地认识问题，辩证的“拿来”，客观的升华，明辨是非，去伪存真，择其善者而从之，还可以从别人的建议中，适当地去汲取和领悟一些题外的精华。

收集意见

这是总结梳理阶段的重要一环，与听取意见有所不同，它是面向广大受众的，意见通常不是个体意见，而是代表群体的意见。

受众的反应是一面镜子。通过收集意见，真正搞清楚哪些演讲内容受众比较难理解，哪些内容会使受众感到烦琐乏味，这是改进演讲内容和方法的重要依据。收集意见的主要内容应包括：科普的内容是不是受众所关心所期盼的；演讲的内容受众能接受的比例是多少；你采取的演讲方法受众是否喜爱；受众是否还期待着你下回的演讲；多数受众在你演讲时是聚精会神还是精神涣散等。要通过多种渠道收集受众的反应，善于把分散的东西进行归纳整理，总体把握，注重细节，提炼梳理，找准问题。

收集意见的方法，一是现场收集，要做演讲的有心人，注重演讲过程中受众的感受，哪些地方受众精力比较集中，什么时候容易涣散，讲到哪部分内容时兴趣盎然，哪些演讲方法使受众觉得索然无味，什么地方容易提出问题，哪个环节会出现冷场等，还可以利用演讲间隙或结束的时间及时询问受众的感想。二是问卷收集，委托组织单位，在不给对方造成麻烦且自愿的前提下，采用问卷调查的方式收集意见，问卷题目不宜过多，答案要很简洁，最好用“是”或“不是”作答，也便于对结果进行统计。三是召开小型座谈会收集，这更需要组织者的积极配合，参加人员和时间要与组织者协商好，人数不宜过多，要有代表性，时间不宜过长，要减少客套直奔主题，要认真做好记录并进行归纳整理。

分析原因

这是对上面三个做法结果的汇总和运用。对存在的问题，若未经详细的分析，就直接提出解决方案，仅凭直觉和经验，有可能对，也有可能不精准，甚至可能会出错，使我们对演讲的修改步入歧途。因此，要对经过归纳梳理的问题进行综合分析，找准原因，使零星、肤浅、表面的感性认知上升到全面、系统、本质的理性理解上来。

对问题进行分析，不是仅仅关注问题的表征，而是去寻找问题背后存在的根源，比如演讲中受众精力不集中，看上去是对演讲的内容不感兴趣，此时你若盲目地去改变演讲内容，未必能够收到预想的效果，而如果对受众精力不集中的现象再做深入分析，就可能发现其他方面的问题，比如对受众心理的把握是不是准确、演讲方法是不是得当、语言和形体是不是缺乏感染力等，很有可能这里面才有造成这种情况的主要原因。

引起问题的原因通常有很多，物理条件、人为因素、系统行为、流程环节等，只有通过科学分析，以问题为导向，用数据说话，才有可能发现根源性的原因，为修改完善指引正确的方向。

第七节
完善提高阶段的技巧

这个阶段是从完成了总结梳理后到实现对演讲稿的最终修改的阶段。这个阶段是提高演讲质量的一个重要的落实阶段，也是对演讲的提高和升华。

一个高质量的科普演讲，通常不是一蹴而就的，都是要经过反复修改、精心打磨才逐步完善的。这个阶段要在前面回顾和分析的基础上，进一步理清思路，突出重点，反复推敲，精雕细琢，以精益求精的态度对演讲稿和演讲的方法技巧进行修改、调整和完善，并且经过试教练讲再度熟练。

理清思路

就是指搞清楚所要完善提高的范围与方向。只有理清思路，才会使完善的路径更加清晰，起到事半功倍的作用。否则，思路混乱不得要领，不仅造成完善得不顺利，甚至会越改越糟。

理清思路大致要明确以下几个问题。首先，要明确完善的范围，是推倒重来还是局部修改，这直接影响了实施的方法和步骤；其次，要明确达到完善都要做哪些工作，先后顺序怎么安排；再者，要明确方法手段如何体现，其他内容（如表达技巧等）也应一并考虑。

在理清思路时，有三个问题要引起注意。一是要总体筹划。不论修改的动作量大小，必须要从总体上去把握，有时一个小的改动，也会牵一发动全身，比如一个数据的调整、一个举例的变化，有时会对演讲的连贯性和准确性产生影响，必须对相关内容同时进行修改，以避免前后矛盾；二是要突出重点。要注重抓主要矛盾，在影响演讲质量最突出的问题上多下功夫，不能眉毛胡子一把抓，头痛医头脚痛医脚，通过解决主要矛盾，带动其他问题的解决；三是要有序展开。一般来说理清总体思路难度小些，理清局部思路难度要大些，要先易后难，循序渐进，先从提纲的修改完善做起，再理清局部思路，对各部分内容做具体修改完善，同时注意各个部分之间、各个层次之间的内在关联，不能顾此失彼。

反复推敲

在提高完善时，除了总体把握外，还要特别注重细节。对修改增删的内容要反复揣摩，不断向自己提出问题，比如表述顺序的调整是否合理？新选取的材料与原内容能否自然衔接？能不能对受众反映的问题改用另一种思路？新的开头能否引起受众的共鸣？这一段语言的表述自然吗？演讲的结尾放到哪里为好？新插入幻灯片的色彩基调与整体是否搭配？总的时间控制会不会有大的变化？甚至对遣词造句、标点符号、计量单位的使用也要严格把关，精益求精。要把修改过程与实际演讲紧密地结合起来，甚至可以边修改边试讲，对发现的问题尝试用多种方法改进，直到满意为止。

总之，要通过多次反复和比较，充分吸收各种有益的意见建议，达到完善主题、优化结构、订正错误、充实材料、锤炼语言、精选图片的目的，使演讲内容更有新意，方法更加得当。

再度熟练

这是演讲总结提高的落脚点，也是促使科普演讲水平迈上新台阶不可忽视的方法。千万不要以为有了科普演讲的实践，就不需要再花费时间和精力去准备了，恰恰相反，不断的准备和练习，才是科普演讲的成功之道。

再度熟练要注意以下几点。一是要尽快熟悉修改后的演讲稿。对演讲内容的熟练掌握，是演讲的基础，试想一个连演讲内容都记不住的人怎么去演讲，特别对改动幅度比较大或新增加的内容要反复练习达到熟练，也可以运用背诵演讲稿的方法来熟悉内容，使演讲内容烂熟于胸，进而使自己对内容的把握更加深刻。二是突出练习要把握的重点。包括受众反映比较多的地方、自己感到没有把握的地方及长时间难以解决的问题等，要反复练习，不怕重复，直到取得满意的结果为止。三是要带着问题反复练习。设想讲过一段后，受众会有什么样反应，应该有怎样的应对，如果突然“卡壳”了，有什么补救措施等，通过设置问题、解决问题，达到熟练掌握、应对自如的目的。

科普演讲是一门极其复杂、内涵非常丰富的艺术，只有通过对各种不同演讲方法的选择、组合和使用，才能有效地将演讲的内容传递给受众。演讲方法技巧可用于任何一种演讲内容或演讲对象上，但有些方法技巧对某些专业内容或特定对象会有更好的演讲效果。科普演讲的方法技巧，从表面上看，是演讲者在演讲活动中有效提高演讲效果的方式方法，从深层剖析，它又是演讲者职业个性品格和专业修养的表现，是演讲能力的重要标志。每一位演讲者要想形成自己的演讲风格，达到艺术化科普演讲的水平，就必须遵循演讲方法技巧的客观规律，在熟练掌握一般性规律的基础上，不断探索、不断创新，使之日臻完善。

演讲有法，讲无定法，重在得法，贵在用活。科普演讲是一个千变万化的动态系统，不能刻意追求或照搬某一种模式，只有科学、灵活、创造地运用方法技巧，才能达到预期的效果，使科普演讲的水平不断适应时代发展的要求。

第八节
演讲方法 vs 传统课堂教学方法

科普演讲与学校教学、课堂教学都是唤醒人、培养人、塑造人的社会活动形式，从教育的目的性来看，有很多共同之处，其方法技巧也有互相借鉴的关系。但这又是两种不同的形式，这就决定了这两种形式的教育所采用的方法技巧在侧重点和整体要求上会有所不同，在表现形式上，两者既有共同点，也有着明显的个性特征。

两者的共性

（一）都是为既定教育目的服务的手段

方法是为目的服务的，虽然为实现不同的目的所采取的方法会有所不同，但其最终的指向是一致的，那就是服务于目的。

首先看课堂教学方法。从教学的全过程来说，任何教学方法都是指向和完成一定的教学目的，在教学方法的结构中，教学目的始终处于核心地位，并对教学方法起着制约作用，也是评价教学质量的标准。正是由于教学方法与教学目的的这种极强的内在统一性，就使不同教学方法在具有了鲜明个性特征的同时，更具备了从属于教学目的的这一根本属性。

再看科普演讲方法。它同样也是实现科普演讲目的的方式、手段和途径。人们研究演讲方法，不是为了让方法多么炫目多么出彩，而是看运用这些方法是否能达到科普演讲的预期效果，各种方法和技巧最终将归结于演讲的目的。

我们可以得出这样的结论，课堂教学也好，科普演讲也罢，虽然不同的方法轮番上阵，各异的技巧接替使用，令人眼花缭乱、目不暇接，但有一条是共性的，即都为了达成既定的教育目的。在既定的目标、内容、任务确定以后，能否恰当地选用有效的方法，就成为其能否完成任务、实现目标的决定因素。从这个意义上讲，无论是科普演讲的方法技巧还是课堂教学的方法技巧，不管它形式如何翻新，组合如何变化，都改变不了它为目的服务的属性，与教育目的相比，方法技巧始终处于从属和配角的地位，不能喧宾夺主、本末倒置，因此，任何背离了教育目的的方法技巧，不管它内容怎样新颖、外表如何华丽都是不可取的。

（二）都是为达成教育目的而提供的保障

教育人、启迪人，是课堂教学和科普演讲的重要职能，要实现这一职能，需要一系列的配合和保障手段，其中，选择合适的方法技巧尤为重要。在这一点上，科普演讲与课堂教学对方法技巧的重视和刻意追求有着惊人的一致性。

前面讲了，课堂教学方法对完成教学任务实现教学目的具有重大意义，再从教学过程来看，各种课堂教学实践表明，在教学的各个环节，只有恰当地运用有效的教学方法，才能取得良好的课堂气氛，有了良好课堂气氛，才能使学生在认知活动中产生愉悦感，才能激起和发展学生的智力；反之，缺少好的教学方法和技巧，就难以调动学生的学习热情，不易使学生形成良好的学习方法和思维习惯，传授知识就无从谈起，追求的教学效果就难以实现。由此可见，教学方法，就一定意义来说也是关乎教学成败的重要保障。

同样，圆满完成科普演讲任务也要有与之相适应的方法。在科普演讲过程中如果忽视了方法或方法不科学，技巧不得当，就像缺少骨架一样，难以支撑起科普演讲的内容，会使演讲的过程磕磕绊绊、险情频发，难以使受众产生兴趣和共鸣，也就无法享受演讲过程中的乐趣，造成演讲的效果大打折扣。反观演讲者在科普演讲过程中之所以能够得心应手，如同行云流水，得到受众的交口称赞，大都受益于他们对方法技巧的不懈探求和创造性运用。

由此可以看出，方法技巧在科普演讲和课堂教学中占据着重要的地位，是有效完成教学和科普任务过程中不可或缺的重要保障。

（三）都是培育人的活动中讲者与听者双方的行为体系

这是由教学和演讲的共同属性决定的。纵观两者的行为特征就能看到，他们都是讲者和听者共同参与、缺一不可的双向行为，他们既是活动过程的参与者，也是取得效果的决定者，他们相互依存、相互作用，构成了一个完整的行为体系。

在这个体系中，方法技巧决定着双方相互的责任关系，影响着双方互动的效果，进而也促成了双方扮演角色的成败。

我们不难看到，在科普演讲和课堂教学中，方法技巧的选择和运用都不是由教与学单一方面决定的，它受着参与双方的共同制约，只有两者完美结合而产生出的方法，才是行之有效的方法。因此，方法技巧的形成依赖两个方面：讲者的教与听者的学。讲者善讲，能引导听者善学，有利于他们掌握科学的内容和精神；听者善学，则“师逸而功倍”，不仅听者从中受益，教育效果明显，同时也为讲者发挥创造了条件，反过来促使教学和演讲工作的顺利展开。

一个成功的科普演讲或课堂教学，应该是讲者轻松、听者有趣，讲者动情、听者动容，讲者思路清晰、听者情绪饱满，双方各尽所能，各得其所，相辅相成，相得益彰。在这个过程中，不能采取只适合讲授者的方法，自己滔滔不绝，而置受众的感觉于不顾；也不能完全抛开讲授者的因素，硬着头皮使用与自己的风格格格不入的方法。一堂令人满意的课堂教学或成效显著的科普演讲，必定是讲者与听者无缝对接、密切配合的结果，正是这种双方共同行为形成的体系，决定着教学和演讲的效果和质量。

两者的差异

（一）科普演讲方法更强调趣味

兴趣是学习的动力，能激发大脑对新事物的关注，调动学习的自觉性和积极性。经过多年实践，学校教育在加强课堂教学的趣味性上，进行了卓有成效的探索，总结出了很多成功的做法，非常值得科普演讲学习和借鉴。

但对科普演讲自身来说，对趣味性的追求会来得更直接、更迫切，也显得更为重要，甚至可以把它看作取得科普演讲预期效果的首要因素，把它作为不可逾越的刚性需求。

大家知道，科普演讲与课堂教学在对结果的追求上是有差异的，前者更注重精神的传播和素质的养成，而后者则在知识的传授和能力的培养上下的功夫更多，这就决定了在对趣味性的关注程度上两者会有所不同。另外，在受教育者的学习动力上，他们的差异也很大，课堂教学对学生的学业有着严格的质量要求，教学大纲和课程标准是强制执行不讲价的，学生成绩达不到要求，是不准予升级和毕业的，他们学习的动力来源于外界和自身的共同作用，从某种意义上讲，外界的压力来得更直接。科普演讲则没有专门的大纲和课标去控制质量，也没有专门的考核指标去约束受众，他们的学习动力主要来自自身的需求，因此，演讲者要想方设法吸引受众的注意和兴趣，刺激受众的求知欲，而要做到这一点，就必须在方法技巧的运用上突出趣味性，以此去吸引受众，使他们感到有趣、愿意听，把他们迅速融入演讲的内容之中。

每种层次的受众，都有其兴趣点的存在，能否把握好这个兴趣点，使演讲充满趣味性，充分调动受众的好奇心，迅速对科普演讲的内容产生兴趣，是寻求好的演讲方法必须解决的问题，也是开展科普演讲的前提条件。有一个很形象的比喻，科普演讲的内容就像做菜的食材，趣味性就是调料，若演讲缺少趣味性，就像炒菜不放调料一样，无滋无味，吊不起大家的胃口，你的食材营养再好，别人也会因食之无味而毫无兴趣。还有一个资料，央视的一个频道制作一档科普节目，收视率一直不高，后来采取了“4、3、2、1”的方法，即 40% 的趣味、30% 的情节、20% 的画面支持、10% 的知识内容，再统计，收视率上去了。

由此可见，科普演讲方法必须要体现趣味性，必须贴近受众的生活，符合他们思维的规律，适应他们的欣赏口味，以此引发他们对内容的兴趣。只有通过运用通俗流畅的语言，选取趣味盎然的事例，讲解引人入胜的故事等，充分运用这些受众喜闻乐见的方法和形式，生动有趣地去传播普及科技知识，才能达到“兴其趣，开其智”的目的。可以讲，整个科普演讲的过程，实际上也就是知识趣味化的过程，这也是对科普演讲方法最基本的要求。

（二）科普演讲方法更讲究启发诱导

启发式教学，是课堂教学常用的手段，更是科普演讲十分强调的方法。在科普演讲的过程中，受众对内容接受的自觉性和主动性，对演讲的最终效果起着至关重要的作用，而启发式的演讲方法，正是唤起受众自觉参与的有效方法。

科普演讲的特点和要求，决定了演讲过程中必须杜绝“满堂灌”“填鸭式”“注入式”“单向灌输”的方法，强调启发式的方法技巧，在启发诱导上下足功夫。强调启发性，就是要求演讲者充分发挥主导和引领作用，通过采取启发引导、循循善诱等手段，对受众进行有针对性的启示和指导，使受众能够自主地感受到演讲内容的魅力，最大限度地调动他们听的积极性和自觉性，促使其沿着演讲者的思路前行，激发思维活力，积极开动脑筋，主动探求知识，发挥主观能动性，进而在理解内容的基础上，增强其分析问题和解决问题的能力。

所谓启发式方法技巧，“启”是对讲者而言，“发”是就受众去论；“启”是讲者主导作用的展示，“发”是受众心领神会的体现。启发式的演讲方法，不仅仅是给出结论，而是充分兼顾受众的思维习惯，将科学方法的熏陶和养成作为重点，一步一步地引导他们渐进地向正确的目标靠近。

启发诱导的过程绝不是一蹴而就，更不能生硬强求，而是循序渐进，贯彻始终，在向受众提供丰富材料的同时，提出问题，给出思路，激发求知的欲望，引导他们去观察、去探究、去思考，实现内在动力与演讲效果的完美结合。

（三）科普演讲方法更追求通俗易懂

用浅显明白的语言和简练直观的表现形式，传达、表述深刻的学问，是科普演讲方法技巧的又一个境界。这点较之课堂教学，可以说是有过之无不及。

科普演讲不是一味儿地鼓励普通受众去涉足科研前沿、创造重大理论、攻克科学难题，而更多的是引导受众去认识、理解和欣赏科学。科普演讲不是将内容讲得越深、越玄妙就越好，不建议用生僻的科技词汇去解释概念、用公式计算去推证原理，如果这样，面对不同专业的受众，即便受众是受过高等教育的成年人或是精英骨干，也会因为隔行的原因而感到生涩和难以理解，更何况听课的大多数是初涉科学世界的青少年。

事实证明，做好科普演讲，就必须要避免从公式到公式、从概念到概念的刻板方法，更不宜进行大量的理论分析和逻辑推导，否则，冗长、深奥的理论会使受众感到难以理解、枯燥乏味，从而失去对内容的关注。要善于使用受众听得懂的语言，设身处地地去体会受众接受演讲内容的过程，最大可能地运用受众能够理解的话语去讲解，最大可能的从形象、感性的事物出发，通过具体、生动的讲述引出概念，寓逻辑思维于形象表现之中，让受众能产生共鸣，使其更易于接受。

（四）科普演讲方法更注重思维方式的培养

对于科普演讲，比传授知识更重要的是培养受众科学的思维方式，因此，科普演讲与课堂教学相比，其主要任务不是灌输知识，而是讲授方法。

不能把科普演讲简单地等同于某一学科知识或结论的介绍，好像告诉大家地球围着太阳转、月球绕着地球转等这些常识就算科普了，其实这充其量只能算是知识介绍和常识讲解，而科普演讲的重点则是通过对相关知识的讲授，去挖掘蕴藏在这些知识中的科学方法、科学精神，只有把这些精髓的东西传递给受众，使受众形成科学的思维方式，促进受众的科技素养的提高，才是科普演讲所追求的目的。

在这里，与学校的课堂教学最大的不同是，科普演讲并不追求对知识的全面掌握和系统理解，而是把知识作为一种途径和载体，使受众透过这些知识去感悟科学的方法和科学的力量。因此，在科普演讲中，帮助受众建立起一个科学的思维方式，要比讲清楚一个科学问题要重要得多。

俗话讲“授人以鱼不如授人以渔”，这是对科普演讲方法的最好诠释。因此，对科普演讲而言，对受众科学思维和能力的培养，是最为关键的问题。正因为如此，科普演讲者才去想方设法寻求各种方法技巧，千方百计促使受众“能其窍，畅其流”，其中的“能”，包括思维能力、判断能力以及分析解决问题能力等；而“畅”，就是提供路径、把握方向、自主前行。这就要求我们在演讲时，不仅要把知识这个载体讲好，更要在传授科学方法和培养科学思维上下更大的功夫。

（五）科普演讲方法更突出交流互动

采用互动教学，是科普演讲中经常使用的方法，也是提高演讲效果的不可或缺的手段。在使用的频率上，要比课堂教学高很多。

演讲中的互动，是指在演讲过程中，讲者的“教”和受众的“学”相互影响、相互作用、相互制约、相互促进，共同实现演讲目标的形式。

科普演讲之所以更强调教学互动，是由于它更追求演讲过程中的“沟通”与“对话”，力求在互动中，增强受众与演讲者的相互信赖，更好地完成思维、情感的传递。如果科普演讲中缺少互动，很容易出现“单向传输”的沉闷现象，甚至会产生“台上兴致盎然，台下睡倒一片”强烈反差。

在科普演讲的互动中，演讲者与受众均是“主体”地位，演讲者的“主体”体现在对演讲内容的把握，以及有效地运用方法技巧引导受众的思路；受众的“主体”则体现在对演讲者演讲内容的自主探究、自主分析和自主的接受上。

从追求的效果看，传统的课堂教学，看重的是学生学识增加、成绩提高，而科普演讲则更重视演讲过程中“传授了什么”和“悟到了什么”，就要求科普演讲中，演讲者与受众双方积极介入、沉浸于其中。

科普演讲强调的互动，不应该是被动接受、毫无生气、混乱无序的过程，而是一种鲜活生动、热烈有序和积极配合的过程，在这当中，演讲者与受众的关系不再是单向的，而是多向的，不再是强制的，而是自发的，受众在演讲活动中从单纯接受者的角色转变为学习的主体，从“要我学”到“我要学”，从接受式学习改变为发现学习、探究学习。

演讲者通过有效开展教学互动，鼓励积极思考，提倡敢于提出和善于提出问题，激发受众的创新观念和创新欲望，形成一种能容纳不同观点、不同思维方式的演讲氛围，提升受众的创新意识，培养创新能力，促进创新精神的形成。

总之，强调演讲的互动性，反映了科普演讲教与学的交互、反馈和融合，使得演讲过程成为一个对话的过程、理解的过程和创新能力形成的过程。因此，科普演讲者要善于营造良好氛围，形成良好的互动关系和生动活泼的演讲气氛，使科学精神在科普演讲中得到充分的展现。另外，在进行科普演讲时，演讲者不仅要把科学的活动与成果向受众转达，同时受众对科学技术的看法与需求，也应通过这种互动形式传达给演讲者，相互补充完善，这也应是“互动”的应有之意。

04

第四章

科普演讲的审美与风格

审美是人类理解世界的一种形式，是人与美好的事物形成的一种形象的和情感的关系状态，这种状态是没有丝毫功利性的。科普演讲的受众都具有审美意识，他们具有审美本能。

第一节
科普演讲需要审美

什么是审美

审美这个词有两个要素：有“审”与“美”，在这个词组中,“审”作为一个动词，它表示一定有人在“审”，有主体介入；同时，也一定有可供人审的“美”，即审美客体或对象。审美现象是以人与世界的审美关系为基础的，是审美关系中的现象。

我们可以对“审美”概念作一个大致的界定，所谓“审美”，就是人类基于完整、圆满的经验而表现出的一种情理交融、知行合一的自由和谐的心理活动、行为方式和生存状态。

美源于生活，源于对事物的审美感知，源于人心灵深处的体验和无限创造力。美无处不在，只要我们有善于发现美的眼睛和善于感知美的心理，你就可以处处体验到美。

崇高美，如奇峰突起、绝壁悬崖、霹雳闪电，虽然它们使我们的耳目受到强烈的刺激，但往往感情上却能给人以一种愉悦感。听音乐，读诗歌，登临山顶远眺群山，都可以获得这种或激动的或平静的喜悦，以及愉快的美感享受。这种愉悦感来自身心与能力的和谐，令人感到一种恰然恬静、轻柔流畅、游刃有余的自由。

审美愉悦性没有物质功利性，却有精神的功利性；没有个人功利性，却有社会功利性；无急功近利性，有深沉的现实—历史功利性。柔韧的小草、清丽的鸟鸣给人的愉悦虽无什么重大的社会意义，却有益于人的身心发展，可陶冶人的美好情操。舒伯特的摇篮曲给人的愉悦即使不能催眠，也能引起成人对童年、对母亲的眷恋，激起爱的美好情感。雄浑、崇高之美感能扬起人类的自尊和自信精神。恬淡之感、静穆之感能平息人心中愤怒怨怒。审美愉悦之所以是非功利性的，又是有功利性的，是因为它表现了对狭隘功利性的超越和对于生命力的追求。

审美过程当中的情感活动是审美心理当中极为重要的组成部分。因为任何审美过程，如果不能动人以情，那就不能产生美感，至少这个美感是不深刻的。你对客观事物产生了态度，态度变为感觉，感觉又被你体验出来，这就叫情感。

在美感引起的情感活动当中，有两种基本的情感，就是“惊”和“喜”。“喜”就是审美愉悦、赏心悦目，是一种快感。“惊”是对艺术作品的惊异之感、敬佩之情，它在意识的深层，人们往往无所觉察，却是审美评估里的很重要的因素。因为艺术美是多种因素的和谐结合，其中重要的因素就是创造力量的外化，人的本质力量是人所特有的。

美源于生活，源于对事物的审美感知，源于人心灵深处的体验和无限创造力。美无处不在，只需要我们有善于发现美的眼睛和善于感知美的心理。

科普演讲需要接受审美的检验

科普演讲与其他形式的演讲一样，是一种具有审美价值和审美性质的社会实践活动。一场好的科普演讲，一定是具有审美价值的演讲，还应该具有一定的艺术性。

科学是美的，科普演讲者所讲述的内容当然应该受到审美的检验。是否具有审美价值，自然成为衡量一场科普演讲成功与否的标志。

从本质上说，科普演讲是一种语言的艺术，科普演讲语言运用的过程是一种美的创造过程。正因为科普演讲语言的艺术美，才使科普演讲更具有真实性、说服力、感染力和征服力。所以，科普演讲的语言必须有相应的艺术性。

语言是科普演讲的“外壳”，有声语言是科普演讲者表达思想感情首要的和基本的形式，是声音美和意义美的结合，是构成科普演讲语言美的主要因素。它以演讲者的声音形式为中介，通过语音、语调、语义的形式产生抑扬顿挫、跌宕多姿的美感，表达各种细腻微妙的情感，唤起受众的联想和想象，引起共鸣，使受众获得生动传神的审美感受。

科普演讲还需要“演”，“演”是人体内在情感的外露，也是表达演讲者的情绪、强化对讲解内容渲染的必要形式。“演”包括演讲者的表情变化、肢体动作甚至是眼神的盼顾等，通过这些，不仅可以调节现场氛围、拉近与受众的距离、加强与受众的互动交流，更可以增强对演讲内容阐述的力度、吸引受众的注意力、提高演讲的效果。难以想象，一个演讲者像木棍一样站在讲台上，面无表情地照本宣科，受众会做何感想。因此，没有“演”的演讲是残缺的演讲，这种“念经”式的讲述不符合科普演讲的要求。科普演讲者要通过“演”把生涩的科学知识讲授给受众，让受众感到科普演讲不但好听也好看。

科普演讲是一个双向沟通的过程，不仅要求把需要表达的事情叙述清楚，还要求演讲者调动一切可以调动的元素，让受众愉悦地欣赏演讲，和演讲者一起喜、怒、哀、乐。这也是受众的一种审美的需求。

我们知道，审美活动是美学的一个部分。美学是艺术的哲学。美学，从艺术门类上分，可以分为音乐美学、绘画美学、小说美学、戏剧美学、电影美学等不同的分支。科普有没有美学？科普演讲需不需要美学的指导？回答是肯定的。科普美学是科普创作艺术的哲学，科普演讲需要科普美学的指导与辅佐。科普演讲要按照美学的规律进行创作和“包装”，就是要艺术地普及科学知识、科技成果和科学技术，艺术地预测未来的科技发展。科普美学是从哲学、心理学、社会学的角度来研究科普演讲的艺术本质，分析科普演讲的种种因素和形式，找出其中规律性的东西来，用以提高科普演讲的水平。

高士其先生是我们十分熟悉的一位伟大的科学家，原名高仕錤。早年他为当时艾思奇主编的《读书生活》半月刊撰写科学小品，文章发表时均署名“高士其”。朋友们问起改名的动机时，他解释道：“扔掉‘人’旁不做官，扔掉‘金’旁不要钱”。他在美国芝加哥大学医学研究院攻读细菌学。他一生著作颇丰,《菌儿自传》是其代表作，这并不是细菌学的一部学术专著，而是一部科普作品。高士其先生曾经做过一场十分特殊的科普演讲，他坐着轮椅在舞台上现身，然后由他的助手讲述《菌儿自传》中的故事。在这场科普演讲中，受众听到了细菌的故事，这些细菌时而在呼吸道里探险，时而在肠腔里开会，把细菌对人类的危害和我们应该如何预防细菌给人们带来的危害表现得淋漓尽致。这场演讲以生动活泼的形式、妙趣横生的比喻来向人们传播医学科学与公共卫生的知识、思想和精神，无疑是具有承上启下的历史意义和现实意义。应该说，这场报告的受众并不是专业人士，而是一群中学生，这样的报告就是一场科普演讲，是一场极具美学价值的科普演讲。

科普演讲形式不同，内容各异，每场科普演讲受欢迎的程度也不尽相同，有的科普演讲会迎来“回头客”，有的科普演讲则是“一次性”的，听过之后不会再受到邀请。这其中的原因是多种多样的，但是，科普演讲的审美差异是一个十分重要的原因。那么，什么样的报告会吸引“回头客”，公众对什么样的科普演讲更感兴趣？

现在是信息“爆炸”的时代，每天我们都会接收到各种各样的资讯，面对新知识、新科技和新的信息，人们不得不有选择地获取对自己有用的内容。那么，应该如何选择？科普演讲无疑是帮助人们选择的重要形式。

现在是一个“读图”的时代，各种各样的画面集中承载着人们需要的各种信息，通过画面获取信息是现代人的一种习惯，各种各样的“图画”（电影屏幕、电视屏幕、电脑屏幕、手机屏幕和各种彩色插图的图书）是传播信息的重要载体。很多人特别是青少年已经习惯了通过各种“图画”获取知识。科普演讲就要把握时代特点，掌握听众心理，调动一切适合受众的手段，生动有趣地传递知识。

视觉感知增强科普演讲的审美

根据时代发展的特点，要求科普演讲需要“四有”：有图、有影、有声、有情（故事）。科普讲演要用“图”来说话。

图解知识是一个好办法。图片、表格一目了然地展示了演讲者所要讲解的知识，听众一看便知，一听即懂。图片是演讲中不可或缺的元素。

如果我们向听众讲解某个行业的知识，比如白蚁的模样或者是某个星座的形状，演讲者仅仅是通过语言的描述，是根本无法向听众介绍清楚的，有了图片，这个问题就迎刃而解了。演讲者通过图片的展示，听众立刻就会明白“白蚁”的外形，图片会一目了然地向受众展示。

演讲的多媒体课件插入视频，受众爱听、爱看，是符合受众的审美习惯的。人们熟知的乔布斯就习惯于在演讲中频繁地播放视频。有时候，他会在演讲的时候播放他的雇员谈论他们多么享受开发苹果公司的某一款产品的过程的视频，在演讲的时候嵌入视频剪辑有助于突出你演讲的效果。

有的演讲者在科普演讲中讲到战斗机进行“眼镜蛇机动”飞行的时候，没有使用更多的语言介绍，而是向受众播放了一段战斗机进行“眼镜蛇机动”飞行的视频。在这段视频中，受众们看到了一架真实的战斗机在空中直立机身向前飞行的样子，发出一阵惊叹声。这就是视频在演讲中的独特作用，没有视频的帮助，科普演讲者使出浑身解数也很难讲清“眼镜蛇机动”飞行是怎么一回事。这就是“有影”在科普演讲中的作用。

有声，并不是指演讲者发出的声音，而是指多媒体课件中配合画面出现的声音。比如，有演讲者在一次关于动物的科普演讲中，讲到某种动物为争夺食物而大打出手的时候，把这种动物发出的鸣叫声、撕咬声和动物争夺食物的画面一同播放出来，听众会更容易理解演讲者所要普及的知识。

在科普演讲中，“有情”两个字十分重要。故事人人爱听，关键是怎样讲。首先是你讲的故事一定是与你的演讲主题有密切联系，故事的内容要有趣，讲述的时间要短，最好在故事中有一个悬念。演讲者要绘声绘色地讲好故事，需要做一个“顶层设计”，要有“起、承、转、合”，让听众在你所讲述的故事中领略到科学的魅力。

第二节
科普演讲内容的审美

科普演讲的价值不是由演讲内容的长度决定的，而是由内容的深度和吸引力来衡量的。符合审美要求的科普演讲内容对听众的吸引力一定是很大的。

科普演讲内容的丰繁美与简约美

科普演讲内容丰繁可以让演讲者在演讲中制造悬念，层层“剥笋”，让受众有一种美的享受。简约的科普演讲，常常因为时间和篇幅所限，难以留下设计的空间和时间。

丰繁的科普演讲，往往是泼墨纵笔，不惜反复，话说得痛快尽致，意思表达得酣畅淋漓。其特点是围绕一个命题或科学思想，反复描述或说明，加重语气，深化主题。

在科普演讲的实践中，我们发现，有些简短精辟的科普演讲，由于结构严谨紧凑、主题突出，也能给受众留下清晰的印象。简约凝练的内容是由演讲者精心提炼的结晶，演讲者使用的语言通俗明了，科学知识却蕴含丰富，讲的词语和修辞方式意义深刻。应该说，用语集中而丰满，内容简洁而味长，是凝练简约的主要特征。

其实，简约的科普演讲要比长篇大论的科普演讲难度更大。简短意味着高度的概括和浓缩，没有长时间的思考和精心的提炼是难以做到的。在当今时代，追求效率和效益是人们的共识，要想增加科普演讲的吸引力，就要在概括和提炼上下功夫，让你的演讲充满吸引力。

心理学的研究早已证明，受众在听演讲的前几分钟时间里，注意力比较集中，效果较好。通常情况下，小学生的注意力持续时间在 6 ~ 9 分钟，初中学生的注意力持续时间在 8 ~ 12 分钟，高中生的注意力持续时间在 15 分钟左右，成人的注意力不会超过 45 分钟。所以，当你面对受众的时候，当你讲到相应受众的注意力疲劳的时间，你的演讲就应该掀起一个小小的高潮，以便让受众的注意力在小高潮的带动下，再一次地集中起来。

科普演讲内容的朴实美与绚丽美

我们说的朴实与绚丽，更多的是指演讲的表现形式（比如多媒体课件的制作）和演讲的语言特点。

制作科普演讲多媒体课件，可以借助软件来完成。一般来说，多媒体课件多是使用图片和视频来展示科普演讲的知识，不要过于华丽。

我们这里所说的朴实还包含对语言的要求。朴实美，要求科普演讲者使用质朴无华、平白如水、清新自然、不加雕饰的语言来讲述科普知识，少用比喻而多用白描，使语境语义纯净、真诚、厚重，形象亲切、生动、感人。语言的自然天成，是一种美的极致。理不直指，情不显出，使科普演讲者的感慨情致和见识，自然熨帖地表露出来。

绚丽的美，是指与朴实对应的语言风格。它多用形容词和比喻、比拟等修辞方式，以及运用句子的整齐组合和双声叠韵，力求达到绮美绚丽，情感浓郁。演讲者要把事物和事件绘声绘色、栩栩如生地呈现给听众，必须恰如其分地把握语言色彩的明暗、感触的硬软以及声调的响亮与沉郁，使演讲情景交融，丝丝入扣，出神入化。

第三节
科普演讲的风格

科普演讲者的演讲是有风格的。什么是演讲的风格？如果我们给科普演讲风格下一个定义，那么，我们说科普演讲中表现出的个性和特色就是科普演讲风格。

其实你的说话习惯就是一种风格，改变讲话的习惯，就是一种风格的变化。语言就像一个人的名片，你完全可以通过自己的语言来展现自己演讲的个性，使自己演讲变得与众不同。科普演讲的风格还体现在思维和语言修养上，演讲方法的变化，演讲者在讲台上的风度，演讲者和受众交流的方式，更重要的是显示出演讲者思想水平、才华、艺术的特点。

科普演讲风格是可以培养的，也是需要自己不断打造的。科普演讲风格的打造和培养，需要时间，需要实践磨炼。

对于科普演讲来说，风格无定式，审美有要求。

严格说来，科普演讲并没有特定的风格。如果你的科普演讲让受众感到了一种愉悦或者感到有趣，无论你的风格如何，都会是成功的科普演讲。我们看看中外许多著名的演讲家，他们在演讲风格上就表现得多姿多彩，各有千秋。虽然，他们的演讲并非是科普演讲，但是其中的道理是相通的。

比如，英国前首相丘吉尔的演讲，刚柔相济，给人一种机敏灵活的感觉。列宁的演讲风格独特，他的演讲总是让人感到旗帜鲜明，富有鼓动性，他在演讲中，常常把左手的大拇指插在马甲里，右手指向前方，给人一种自信的力量。孙中山的演讲庄重大方，既优雅谦和，又热情奔放。听过鲁迅的演讲的人会告诉你，鲁迅的演讲言辞犀利，闪耀着思想斗士的光芒。这些人的演讲，都有自己鲜明的风格，但是仔细分析一下，你就会发现，演讲风格虽然各不相同，却有一个共同点，那就是他们都不说套话，不拾人牙慧，要说就说自己的真知灼见，而真情真话是最能够打动受众的。

形成自己的科普演讲风格十分必要，演讲风格直接关系到科普演讲的效果，关系到受众实际接受信息的质量。科普演讲风格并非要言辞华丽，朴实的表达一样有好的效果。

独特的风格具有独特的吸引力。但是在实际的科普演讲中，我们却常遇到缺乏个性、没有特点、没有活力的科普演讲，听之使人味同嚼蜡。

那么，什么样的科普演讲风格更适合审美的特点呢？我们不妨先简要归纳一下科普演讲的风格，大体上有如下几种具有审美价值的演讲风格。

投入式的风格

有人说，我的科普演讲使用平实的语言，条理清晰，叙事清楚，逻辑严谨，丝丝入扣。这样的科普演讲是不是一种风格？回答是肯定的，这当然是一种风格。我们不妨把这种风格称为投入式风格。

幽默式的风格

科普演讲者在演讲的时候常常使用幽默的语言，音调变化大，语言生动形象，逗人发笑，手势动作敏捷灵活，面部表情富有戏剧色彩，比喻相对夸张，在演讲中不时但又是很恰如其分地插入几句玩笑，使人会心一笑。还有的演讲者引入了相声演员常用的“砸卦”，效果也十分理想。这就是幽默式的风格。

激情式的风格

这里说的激情式的风格，给人以奋发向上、朝气蓬勃的振奋感觉。但是，这样风格的科普演讲并不是滔滔不绝的大吼大叫。激情式的风格是指，在科普演讲中，演讲者音域宽广音色响亮，说话声音较大；演讲者精神饱满，手势幅度较大，整个演讲充满激情，有较强的感染力，现场受众气氛响应热烈。科普演讲者表现出一种激越高昂、英武奔放的语言风格。这种风格可以进行系统的练习，演讲者经过训练都是可以做到的。激情式的演讲风格非常适合中小学生群体。

柔和式的风格

科普演讲者语气柔和，语速平缓，说话轻声细语，语气亲切委婉，看上去就像是一个和蔼可亲的长者在娓娓道来。嗓音圆润甜美，音色自然朴实，吐字清晰准确，亲切的微笑，柔和的眼神，体现轻柔委婉，纤秀清丽的语言，清新自然，不加雕饰。表情轻松随和，语意语境纯净、真诚、厚重，形象亲切，生动感人，动作与平时习惯无异，演讲者与受众拉家常似的漫谈。能够把复杂深奥的理论变为通俗易懂的话语。我们把这样的科普演讲称为柔和式的演讲风格。一些具备天赋的女士在演讲时采用这种方式，效果是很好的。

诚恳式的风格

采用这种风格的科普演讲者，语气彬彬有礼，语调变化不大，平淡中透着几许温柔，在科普演讲中对知识的解读不强势，不矫情，语气中透着诚恳。

其实，科普演讲风格远远不止 5 种，各种科普演讲风格之间也没有明显的界线，每个人可以根据自己的情况找出自己的演讲风格。也就是说，要根据自己的科普演讲内容和自己的讲话习惯，找到一种适合自己的演讲风格。

科普演讲风格是可以改变的，也是可以打造的，当你有了一些演讲的实践之后，每个人都可以根据自己的讲话习惯和演讲内容提炼并打造自己的科普演讲风格。

科普演讲的风格应该与演讲的内容相匹配，不同的演讲主题要与不同的演讲风格协调。一般来说，不同的人群，对演讲风格有不同的需求。

一般情况下，成年人群体大多喜欢投入式加上幽默式的科普演讲风格，成年人群体已经经历过人世间的多种事物，他们欣赏带有幽默风格的、态度投入的科普演讲。大学生群体更多的是需要诚恳式的并带有时尚特点的科普演讲风格。中学生群体更喜欢激情式并带有幽默感的科普演讲风格。

科普演讲者毕竟不是演员，不可能不断地变换自己的演讲风格。但是，我们可以在一场科普演讲之中，突出自己的演讲风格，并辅助以其他多样的风格，这是可以做得到的。

科普演讲一定要有真情实感，要把你对这门学科的热爱和理解，满含热情地讲出来，否则，即使你的演讲技巧很高明，也很难有好的效果。有人把那种只注重语言技巧，而没有注入自己的真思想、真感情的科普演讲，称为“晒月亮”，是借助别人的光在发出一点亮，使人感觉不到温暖。我们的科普演讲要达到倾倒受众的效果，就要把科普演讲的技巧与真知灼见完美对接，这样才会散发出感染力。

第四节
科普演讲的情感力量

一个优秀的科普演讲者，既要具有严密的思维逻辑，同时还要具有动人的情感力量；既要晓之以理，又要动之以情。那么，作为一名科普演讲者，如何才能达到上述效果呢?

要情理交融，以理引情

动人心者莫先乎情。一个成功的科普演讲要倾倒受众，必须以情动人，唤起受众的同感。感同身受是演讲的基础，科普演讲者的感情是来自于他所表达的内容，是在表达过程中自然的感情流露，这当然与文艺工作者在文艺创作时“演”出来的感情是不一样的。因此，如果不是发自内心的真情实感是很难打动他人的。而演讲者感情的产生，源于科普演讲内容中有非说不可的事理，受众被感动是在接受了科普演讲者所要表达的“理”的基础上的自然的感情迸发。

科普演讲的最终目的不是为了煽情，而是让受众接受正确的观点和思想。因此，演讲者要注重对所讲的内容进行由表及里的提炼深化及理性的升华，让受众的感情在事理的说明中自然产生，在明理基础上产生的感情才是理性的、持久的，而不是狂热的、盲目的。

1969 年 7 月 20 日，美国宇航员首次在月球登陆，开辟了人类旅程的新纪元。总统尼克松在宇航员登上月球之际，通过电视发表了《人类历史上最珍贵的一刻》的演讲："因为你们的成就，使天空也变成人类世界的一部分。而且当你们从宁静的太空对我们说话时，我们感到要加倍努力，使地球上也获得和平和宁静。在这个人类历史上最珍贵的一刻，全世界的人都已融合为一体。他们对你们的成就感到骄傲，他们也与我们共同祈祷，祈望你们安全返回地球。"

尼克松抓住了人类历史上一个值得纪念的珍贵时刻谈"天"说"地"，情感与理性达到了很好的统一。感人心者首先在于情感，这是艺术力量以及感染力的集中体现，也是演讲艺术的美学特色之一。

要哲理深刻，形象生动

情感是一个成功的科普演讲者必备的条件。那么，除了情感之外，能否在科普演讲之中渗透深刻的人生哲理也就显得尤为重要。

美国人际关系学大师卡耐基认为，平淡的演讲若能包含富于人情味的故事，必然更引人入胜。演讲者应只讲述少数重点，然后以具体的事例作为引证，这样建构的演讲，一定会吸引受众的注意。具有人情味的材料的源泉正是演讲者自己的生活背景。不要觉得不该谈论自己，便踌躇着不敢述说自己的经验。只有在一个人满怀敌意、狂妄自大地吹嘘自己时，受众才会起反感。当然，在平淡的演讲中蕴含着深刻的哲理也绝非易事，科普演讲中要蕴含人文特色尤其不容易。

“像智者那样思考，像常人一样说话”是亚里士多德对演讲语言提出的要求。科普演讲也是如此，科普演讲所使用的语言应将哲理蕴涵于形象、深邃依托于通俗，用普通的语言把深奥的道理讲出来。所以，科普演讲者要注意学习“网络语言”，要了解语言的变化。演讲是口语的艺术，口语不同于书面语，口语的最大特点是当声音消失时，这句话就消失了。科普演讲语言要追求的效果是，让听众一听到就能理解，并在头脑中留下深刻的印象，这就要注重语言在瞬间给人的冲击力和震撼力。因此，成功的演讲者都十分注重使用听众喜闻乐见的“俗语”。

我国知名的科学家杨振宁在回答“环境对人有怎样的影响”这个问题时，他是这样说的：

“大家都看过《红楼梦》，小说描述的是大家族的兴衰，也反映出乾隆时代或者是更早时期的社会结构。巴金的小说

《家》所描述的是作者成长的时代和四川一个有钱家族的生活情形，该书其实就是作者的自传。当然，比起《红楼梦》里所描述的大家族，巴金的家族要小得多，但两者的基本结构以及当时社会人际关系的结构没有明显不同。而在安徽合肥我们杨家，在20世纪20年代我出生的时候，家族规模更小，可以说是中产阶级中最穷的，但仍是一个大家庭。我父亲的叔伯兄弟很多，都聚族而居。当时，我的长辈亲戚里抽鸦片烟的非常多，纳妾的也非常多。合肥当时没有电，没有自来水，所以我们家就有一口井，喝的水都从里面打上来。从那样一个社会，忽然到了今天这个社会，其变化之大，我感触很深，在座的各位很难有我的感受，因为你们没有见过中国从前那样落后的情形。这种感触，对于我的整个生活以及世界观，特别是对于个人应该做什么事情，有决定性的影响。”

这里没有深奥晦涩的术语，也没有文采绮丽的语句，深刻的道理以平实的语言被表达出来。

成功的演讲者都十分注重对现场气氛的调控，这同样适合每一个科普演讲者。科普演讲现场气氛的调控主要表现在两方面。

一是对现场心理气氛的调控，目的是要缩短讲听双方的心理距离，达到心理相容的状态。缩短心理距离有效的办法就是卡耐基十分推崇的方法——单刀直入地把自己摆进听众之中，说明自己与听众有共同点、相通处，有共同的利益。

二是对现场情绪气氛的调控，目的是通过活跃现场气氛，吸引受众的注意力。避免受众分神的方法有很多，首先是要恰当地运用表情、手势、眼神，增加语言的表现力。其次，使用多种修辞方法，尤其是令受众感到新鲜、有趣的比喻，克服平淡，打破沉闷，使科普演讲生动形象。还有，适时穿插一些笑话和幽默。幽默是科普演讲的“调味品”，能够增加科普演讲的“色香味”，既可调整科普演讲的节奏，又可消除受众的疲劳。心理学家特鲁·赫伯说，幽默是一种最有趣、最有感染力、最具普遍意义的传播艺术。一个成功的科普演讲者不会忘记在自己的演讲中给幽默留出一席之地。

第五节
科普演讲的开场白

一场成功的科普演讲一定会有一个好的开场白。我们必须知道，来听你演讲的听众，是怀着不同的心情和目的，并非都是“我要来听”，常常会有一部分听众是“被听”你的演讲，这其中的原因是多种多样的。当受众坐在你面前的时候，他们并不知道你会怎样讲述，他们甚至可能把参加这场演讲当成一种负担。这就需要我们的科普演讲必须有一个能够抓住受众的开场白，这个开场白能够把一些受众，从“被听”转变成“要听”。受众的这个转变是开场白的重要任务。开场白依靠什么抓住受众？回答是，你的开场白一定要符合受众的审美需要。

如果科普演讲者走上讲台，马上就正儿八经地开始演讲，就会让受众觉得生硬和突兀。苏联作家高尔基对演讲的开场白有过这样的描述，他说，最难的就是开场白，就是第一句话，如同音乐一样，全曲的音调，都是它给予的，平常却又要花很长时间去寻找。

一个好的开场白可以引起受众对演讲的兴趣，可以建立起演讲者与受众的信任，还可以拉近演讲者与受众的距离。开场白的重要性毋庸置疑。

开场白可以分为许多种，在科普演讲的实践中，每个人应该选择适合自己的开场白。

幽默戏谑式开场白

我们知道很多受众对科普演讲者本身往往会很关注，能站在讲台上演讲就会使受众对科普演讲者产生一种敬重的心理，在这样的情况下，采用幽默戏谑式的开场白，就会一下拉近科普演讲者与受众的距离。

戏谑与幽默也需要审美的元素来主导。有人在演讲开场的时候，开一些低级趣味的玩笑，看上去带着戏谑与幽默的成分，但是这种戏谑与幽默不具备审美的特点，这是演讲者开场白的大忌。

爱因斯坦在一次科学会议上是这样开始他的发言的："因为我对权威很轻蔑，所以命运惩罚我，让我自己也成了权威（笑声），这真的是一个十分有趣的怪圈（笑声、掌声）。"爱因斯坦看似玩笑的开场白，一下子就把会场的气氛活跃起来，接下来的演讲，受众就会感到十分轻松。

胡适先生当年经常要参加一些演讲活动，有一次他在演讲开始的时候这样说："我今天不是来向诸君作报告的，我是来'胡说'的，因为我姓胡。"话音未落，听众们就已经大笑不止。这个开场白既巧妙地介绍了自己，又体现了演讲者谦逊的修养，同时也活跃了现场的气氛，是一个很好的幽默式的开场白。自嘲式的开场白也常常被一些演讲者使用，为许多人所接受。但是使用这种方法的开场白需要注意，玩笑话不能过头，特别是不要使用低级粗俗的玩笑作为开场白。以上是一些知名人士演讲的例子，这样的演讲开场白同样值得科普演讲者学习和借鉴。

疑问式开场白

开场白一个重要作用是把受众的注意力吸引过来，开场白实际上就是俗话说的"热场子"。疑问式的开场白就是一开始就把受众带到一个问题中，让大家思考。

有的演讲者这样给小学生讲解"战斗机的秘密"，演讲者首先向听众提出一个问题，开汽车的时候，让汽车左转弯该怎样打方向盘？在场的所有同学几乎都举手要回答这个问题，这的确是一个太简单的问题，小学生们都能回答。当同学们回答完汽车的转向问题，演讲者又接着问了这样一个问题，如果你驾驶的是一架战斗机，让战斗机左转弯，该怎样做？让战斗机向上飞又该怎样做？同学们立刻陷入了深深思考。是呀，战斗机在三维空间飞行，怎样才能向上飞呢？这个问题一下子把同学们吸引住了。他们迫不及待地要知道战斗机的秘密。

疑问式的开场，很快就把受众带到演讲的内容中去。这样的开场白具备了审美的特点。

制造悬念式开场白

悬念是文学领域经常使用的方法，一部好的文学作品一定充满了悬念。科普演讲受众的审美需求同样需要有悬念。

我们这里说的科普演讲制造悬念式的开场白，并非故弄玄虚，悬念式的开场白不能悬而不解，一定要有明确的答案。但是这种答案并非一定是马上回答，也可以留在科普演讲的结尾处给予解答。

一位植物专业的老师，在讲植物的知识的时候，他的开场白是这样的，我们看到人类社会有很多战争，那么现在我要说，植物也会打仗，植物界也有战争，这是真的吗？

植物会不会打仗？这个悬念一下子就把同学们吸引住了，科普演讲就在这样的悬念中开始了。

“语惊四座”式开场白

所谓“语惊四座”是指见解独特、视角新奇、与众不同的开场白。这样的开场白往往会有出奇制胜的效果。

匹兹堡市是美国一个具有吸引力的美丽城市。可是有一次美国一位建筑学家到匹兹堡讲演，他的开场白就十分抢眼，他说："匹兹堡市是我见过的最为丑陋的城市。"此言一出真是语惊四座，听演讲的人们大吃一惊，人们竖起耳朵认真地听他讲解匹兹堡丑陋在何处。他的这个开场白真的收到了奇好的效果。

当然，要想语惊四座必须有事实作为依据，决不可哗众取宠，也不可故弄玄虚，否则会有相反的效果。

互动式开场白

互动式的开场白需要在一开始进行科普演讲时就向受众提出足以吸引他们的问题。这种问题一定是紧紧围绕你的演讲内容。当然在科普演讲当中进行互动也是科普演讲不可或缺的重要环节，用互动式的开场也不失为一种好的方式。

在一些学校做演讲的时候，常常会遇到学校安排一个在校学生骨干作为主持人，他会对演讲者做一个简单的介绍。如一位科普演讲者利用这个机会和学生主持人做了一个互动。

学生主持人问："刚才介绍您是空军大校，您会开飞机吗？"

答："很遗憾，我不会开飞机！但我真的是空军大校！（听众笑声）我虽然不会开飞机但是我敢跳飞机！（笑声）"

学生主持人："您是说您会跳伞吗？"

"是的，我跳过20多次伞，我第一次跳伞的时候和你们的年纪差不多大。"

学生主持人："那您第一次跳伞的时候，您害怕吗？（笑声、嘘声）"

"同学们，他提了一个很尖锐的问题，他是问我第一次跳伞的时候怕不怕死！（笑声）大家说，我是说真话还是说假话？今天我到这里来是说真话来的，下面我说的每一句话都是真话。我可以告诉大家，我第一次跳伞的时候非常害怕！"

接着演讲者简单讲述了跳伞的故事，然后开始了演讲。

这个开场白把演讲者和演讲内容很好地融为了一体，演讲效果出奇地好。

开门见山式开场白

开门见山式的开场白较为简单，你只要使用简练的语言介绍一下今天你要给大家讲述的内容就可以了。开门见山式的开场白，就是要简明扼要。最忌车轱辘话来回说，也不要讲一些与演讲内容无关的事情。

名言警句式开场白

一些知名人士说的有哲理的话，我们常常称为名言。用名言警句作为开场白也是一个很好的方法。科学家的名言常常是在科学领域中提炼出的精髓，又经过一定时间的检验，一般都具有警示和启迪的作用，具有一定的审美效果。

我们在进行科普演讲的时候，用科学家富有哲理的名言作为科普演讲的铺垫和烘托，概括了科普演讲的主旨。但被引用的开场白，必须具备两个条件：一是话语本身要有寓意，具有高度的感染力和极强的说服力；二是要用的话语要出自名家、权威人士或听众熟知的人物，这就是一般所说的权威效应和亲友效应，从而引起受众注意，具备了审美的特点。

讲故事式开场白

科普演讲时，应该以一个设计好的故事直接开始，这个故事既暗示了演讲主题，又没有全盘托出，也可以通过某项数据、某个问题或与受众的互动开始。如果你的科普演讲主题是介绍无线电知识，讲述一个无线电传输的故事是一个好办法。

视频冲击式开场白

科普演讲开始就播放一段与演讲内容相关的视频，把听众的目光紧紧抓住，然后开始演讲。这种开场白要求演讲者准备和播放的视频必须有一定的冲击力，视频应该是鲜为人知的，是绝大多数受众没有看到过的。视频播放的时间不宜太长，一般不超过 2 分钟。

播放一段视频，再引入主题，这是现代科普演讲中一种十分有效的开场白形式，利用好这样的形式会有意想不到的好效果，这也符合受众的审美需求。

第六节
多媒体课件对科普演讲审美的影响

在进行科普演讲的时候，使用多媒体课件进行演示配合，可以使科普演讲更加生动形象，听众更容易理解。如今是“读图的时代”，多媒体课件会把科学知识与图片有效结合在一起。

一个好的多媒体课件应该怎样制作？需要具备哪些因素呢？

多媒体课件的本质在于可视化，也就是说，这个课件可以把原来只听演讲者讲话，可能是既看不见又摸不着，又晦涩难懂的抽象语言文字转化为由图表、图片、动画及声音、视频所构成的生动场景，达到通俗易懂、栩栩如生的效果。多媒体课件是演讲者的身影，是最好的助手。

多媒体课件的制作要突出四个方面：一是少字；二是多图；三是让图动起来；四是让图像发出声音。

多媒体课件中的文字要尽量少，标题性的提示文字出现在课件中就已经足够了，需要告诉受众的尽量用图片、图表、动画、视频来表现。

在科普演讲中，演讲者还应该做到“四不要”：第一不要突然跳过幻灯片；第二不要回翻幻灯片；第三不要回头看幻灯片的切换；第四不要站在受众和屏幕之间。

第七节
利用好肢体语言

科普演讲不是作报告，一般情况下，科普演讲者都是站在讲台上（舞台上），科普演讲者的一举一动、一个表情、一个神态都是演讲者向听众传达科普信息的重要元素。科普演讲者的肢体语言在科普演讲中体现了演讲者的风度、气质和演讲水平。

什么是科普演讲的肢体语言

肢体语言是一种非词语性的身体符号，包括面部表情、身体运动、四肢的姿势、身体间的空间距离等。肢体语言常常是文艺界的演员们在进行表演的时候，使用的一种表现方式，肢体语言是对口语的一种补充。口头语言表达总体来说比较抽象，但如果把演员们的这种抽象的表达具体化，也就是加上你的肢体语言，效果会事半功倍。在文艺界人们又把肢体语言称为身体语言。肢体语言也是演员的必修课程，不同角色不同情况下的肢体语言也大不相同，丰富准确的肢体语言能帮助演员更好地诠释角色。

我们在研究科普演讲的过程中，讨论肢体语言的使用，通常是指通过演讲者的肢体部位的协调活动来传达演讲者需要传达给受众的知识、思想、情感等，是科普演讲者表情达意的一种沟通方式。

应该说科普演讲者使用肢体语言，通常是没有经过训练的一种下意识的举动。尽管这种肢体语言并非有意而为，但是他的作用是非常重要和明显的。

在科普演讲中表现出的肢体语言，主要指非词语性的身体符号，包括目光与面部表情、手势的变换，手臂、手掌的活动等。这些肢体语言含义明确，让受众看了一目了然。比如竖起大拇指点赞、鼓掌表示肯定、摊开双手表示无奈等。

面部表情是科普演讲中不能没有的肢体语言。无论演讲者在现实生活中遇到了什么不顺心的事情，在科普演讲一开始，演讲者都需要面带微笑，这样才能拉近演讲者与受众的距离，在第一时间给受众一个很好的印象，也使得自己的紧张感很快消除，尽快进入演讲状态。有魅力的微笑是天生的，当然，经过自身努力，有魅力的微笑也可以在后天培养训练中得到。

肢体语言的重要性

科普演讲者应该注意到，来参加科普演讲的受众，绝大多数都是第一次接触你、见到你，一般来说第一次的见面，对方大多是结合演讲者的外表、姿势、眼神及其他肢体语言，例如动作、手势、脸部表情，以及态度等来判断我们是什么样的人。因此我们必须懂得如何善用肢体语言，创造良好的第一印象。

一位心理学家曾发现这样一个公式：信息的总效果 =7% 的书面语 +38% 的口语 +55% 的肢体语言。对于科普演讲者，我们可以这样理解：科普演讲的效果，由 7% 的多媒体课件加上 38% 的语言表述，再加上 55% 的肢体语言。从这个公式中我们可以看到，在科普演讲的语言技巧中，肢体语言（态势语言）的技巧占有重要的地位。演讲者的肢体语言的好坏，在一定程度上决定了演讲者的讲话水平高低，这是演讲能否成功的重要一环。

俗话说“红花还要绿叶配”，肢体语言对于口头语言来说就是一片绿叶。恰到好处的运用肢体语言，能够使科普演讲重点突出，并富有感情、形象生动，从而更富有吸引力和感染力，科普演讲的效果会比单纯口头语言效果要更好。这就是过去人们常说的“以姿势助演说”的道理。科普演讲者应该在演讲中，针对不同的对象、场合等情况，合理地运用有声语言和肢体语言，利用二者相辅相成的关系，更好地发挥自己的科普演讲效能。

肢体语言要符合审美的特点

我们说，肢体语言在科普演讲中十分重要，但是并非任何一种肢体语言都适合科普演讲。科普演讲中的肢体语言和文艺表演中的肢体语言是有很大差别的，并非任何一种肢体语言都可以在科普演讲中使用。科普演讲中的肢体语言要符合其本身审美的特点。

肢体语言对视觉的冲击效果明显。很多人都有这样的体会，听一场科普演讲，受众在看得见主讲人的场合所获得的信息的清晰度和精确度，比看不见演讲者时要高得多。肢体语言之所以能够辅助有声语言而产生形象、生动的表达效果，主要是因为它具有完全可见的表现形式，直接作用于人的视觉。根据视觉心理学的研究，人们从外部世界获得信息，最重要的渠道是视觉渠道。眼睛是人类非常敏感的器官，我们说的听一场科普演讲，其实更多的是到现场看，看图片，看视频，看演讲者。以视觉为传递媒介的肢体语言，能够传递口头语言难以说清的内心体验和莫名的感情。恰当地运用肢体语言，更利于传播知识，交流情感，取得更好的演讲效果。所以在科普演讲的过程中，使用有声语言作用于听觉，使用肢体语言作用于视觉，听觉视觉并用，两种信息同时协调地传递，互相补充，这样才能使科普演讲收到更好的效果。

手势的使用是科普演讲中最常见的肢体语言。在科普演讲中，有的时候会遇到学生自控能力差、交头接耳的情况。面对这种情况，演讲者可以用双手向他们做出一个暂停的动作或将食指按住嘴唇做出安静的表示，以示意这部分学生保持安静。

科普演讲会安排互动环节，中小学生的提问常常是非常积极的。科普演讲者在示意学生提问时，要注意自己的手势，一般情况下，演讲者要伸出右手，五指并拢，手心向上指向提问者，表示请他提问。但是，演讲者不可以用右手的食指指向提问者，这是一种十分不友好的手势。

科普演讲要注意目视的效果。演讲者的目光注视可以在受众中引起相关的心理效应，产生或亲近或疏远或尊重或反感的情绪，进而影响科普演讲的效果。因此，科普演讲者可以巧妙地运用目光注视来组织演讲。比如演讲开始时，科普演讲者用亲切的目光注视全体听众，使听众的情绪安定下来。

有些不好的肢体语言一定不能在科普演讲中使用，比如有的科普演讲者在聆听听众提问时，双臂抱在胸前，显出一副漫不经心的样子，这是对提问者的一种不尊重的肢体语言，会引起受众的反感。在科普演讲中，也出现过演讲者在演讲的时候，拿出一支烟，抽了几口，然后把烟灰轻轻地弹进了一个容器里面，原来演讲者为了做一个科学试验，要使用一些烟灰，其实他完全可以事先准备好一些烟灰或粉末，绝不应该在演讲的现场吸烟。吸烟这样的肢体语言和行为在受众中会造成很不好的印象。这样的肢体语言也不符合科普演讲审美的要求。

05

第五章

科普演讲如何讲故事

科普演讲传播科学，包括科学知识、科学思想、科学精神、科学方法，以及科学技术应用等诸多内容。对于公众来说，科学是理性的，但也是枯燥的。而科普则倡导通俗易读、寓教于乐。一场科普演讲如何让听众愿意走进来、坐下来、能受益，特别是成为中小学生喜闻乐见的形式，是有一定方法的。“精当的选题、准确的知识、有趣的故事、流畅的讲述”是一场好的科普演讲所拥有的基本要素。

知识精准是对科普演讲的起码要求，也是原则性要求。但要想让受众愿意接受，则需要演讲者在讲好故事上下功夫，有效地将故事融入演讲之中，这就是本章所要论述的科普演讲的故事性融入。

所谓“故事性融入”，是指在演讲中，为阐明所讲的科普内容，恰到好处地进入故事情节，通过故事的娓娓讲述，引发受众的思考，加深对内容的理解。掌握故事性融入的基本方法，不仅能促进内容的深入浅出，而且能让演讲更加引人入胜、锦上添花，使科学的传递达到喜闻乐见、润物细无声的效果。

人，天生是故事的讲述者和倾听者。故事是人与人之间最容易沟通的方法。所以，将故事性融入科普中，特别是在针对青少年的科普演讲中，具有不容忽视的作用。一场成功的演讲不一定有故事，但有故事的演讲一定更精彩。

第一节
什么是故事？

所谓故事，顾名思义也就是过去的事。这件事也许真实发生过，也许是虚构的想象或幻想。故事不是一种文体，而是一种侧重事件过程描述，且具有寓意的叙述方式，非常适合口头表达。所以，故事是科普演讲不可或缺的一种基本元素。

其实，一说到“故事”二字，所讲述的就不再是与事实分毫不差的克隆版了。因为不同人的描述总带有个人的视角和情感。但是，人们之所以喜欢听故事，正是因为讲述人保留了其中最令人感兴趣的情节，加以夸张或加工性的描述，让事件更加引人入胜。从这个角度讲，任何事物一旦经过口口相传，就或多或少地具备了故事性，同时，也具备了虚构性。

中国历来有讲故事的传统，很多古代的作品中都不乏精彩的故事或具备一定的故事性。比如北魏郦道元的《水经注》被视为中国古代的地理名著，其中写道：“丽山西北有温泉，祭则得入，不祭则烂人肉。”

科普中的故事，一定是为科学普及这个主题服务，所以，其中的科学性既不能有错误，也不能刻意虚构，更要忌讳为了讲故事而讲故事。但可以在尊重科学理论或事实的前提下，讲述发明发现过程中一些有趣的事或现象。比如，人们在介绍著名的物理学家牛顿时，经常会津津乐道地说牛顿发现万有引力是因为被树上掉下的苹果砸到头上悟到的。这个说法显然具有故事性。因为在牛顿之前，就有很多科学家做过这方面的研究，牛顿在前人研究的基础上，经过非常刻苦的思考，才得出了万有引力定律。苹果事件未必是真实的，更不会起到“一砸顿悟”的作用，但这个故事既不会影响万有引力理论的科学性，也增加了人们对科学的兴趣，对科学理论的传播起到了一定的推动作用。

好故事的基本要素

一个好的故事，不仅要具有生动连贯的叙述过程，还要具备三个基本元素：人物、情节和语言。

（一）人物是故事的核心

一个活灵活现的人物，是让故事引人入胜的重要入口，也是形成长久记忆的重要因素。所以，一个好的故事，往往拥有令人印象深刻的人物。作为科普中的故事，这个人物可以是真实的科学人物，也可以是虚构的人物。但要把握一个原则，这就是科学性不能虚构和随意夸张，要尊重事实，要强调科学知识的准确性。

（二）情节是故事的关键

故事的生动性是通过情节和细节来讲述的，比如牛顿和苹果的故事，每逢我们走到苹果树下仰望的时候，会情不自禁地想起这个情节。这就是故事情节的作用，让人触景生情，觉得故事不仅是可以听的，也是可以“闻到”“看到”或者“品尝”到味道的。比如橡胶硫化技术的发明，源于1839年1月美国人查尔斯·固特异在一次实验中的闪失，他不小心把硫磺混入了橡胶，橡胶、氧化铅和硫磺三种物质混合加热的结果是大大提高了产品硬度，解决了长期困扰人们的橡胶熔点低不易用于制作产品的缺陷，才有了橡胶鞋、轮胎等产品的出现。这个由失误带来的发明，非常具有故事性和传奇色彩，融入科普演讲中，会比单纯讲述硫化橡胶合成工艺的技术要引人入胜得多，还会对科学发明发现的过程，带来多向思维的启迪。

（三）语言是演讲者和受众之间的桥梁

语言是情感的使者。演讲者或声情并茂或激情洋溢的语言，是故事最有效的传递方式。可以说，语言在科普演讲中扮演着重要的角色。特别是对于故事的讲述，更提倡表达练习技巧，融入情感，讲出故事的气韵。

检验故事的质量

科普演讲如果融入了故事性，应该会有较好的效果。检验效果可以从以下三个方面观察：

1. 走得进，坐得住

真正好的演讲是引人入胜的，能让受众忘记时间、深入其中。科普演讲是一门科普和演讲相结合的学问，没有深厚的知识积累肯定讲不好，但只有深厚的知识也不一定就能有成功的演讲。我们时常看到，有些科学大师级的演讲晦涩难懂，趋之若鹜的受众兴致勃勃而来，又半途悄悄溜走。有的演讲者不研究受众的需求，无法将所研究领域的专业知识与公众的需求有效对接，只按照自己的研究思路去讲述，造成受众因听不懂而无法进入主题或者提不起兴趣。一场好的科普演讲，需要有很强的带入感，而最好的带入方法就是故事。这个故事也许只是对一个科学事件的描述，因为绘声绘色，浅显易懂，能够引起大家的好奇心，从而能让受众安心坐下来，听得进去。

2. 听得懂，记得住

一场科普演讲能让受众听得懂且有所受益，就基本成功了。要是能让受众记得住，则一定是有方法的。融入故事性的讲述方式是传递知识的首选承载形式。例如一个好的文学作品，其中大多有一个好故事，这句话拿来形容科普演讲依然适合。也就说一场能让受众记得住的科普演讲，其中也大多会有一个精彩的故事。

3. 讲得出，传得开

在各种传播形式中，故事无疑是最具口口相传生命力的形式之一。一场能让受众津津乐道、口口相传的科普演讲一定具备以下几个特点：一是内容很适合受众，是受众需要的或感兴趣的；二是讲述很精彩，能够深入浅出，语言顺畅；三是有生动的故事或有故事性，能够寓教于乐。

随着科普工作的不断深入，科普演讲的人数和次数越来越多。但是，能给少年儿童讲科普且讲得比较好的人相对较少。这是因为少年儿童掌握的知识有限，注意力集中时间比较短，且对趣味性需求较高。假如既没有将生涩的科学词汇普适化的方法，又没有足够的故事性调节，孩子很快就会分散注意力，难以达到传递科学知识的目的。少年儿童是最喜欢听故事的年龄，充分利用少年儿童这一特点，把故事讲好，就成功了一半。

用故事来传递科学内容，可以让少年儿童的理性和感性产生交互，同时培养他们的逻辑思维和形象思维能力。在科普演讲中插入故事，能起到吸引受众注意力、加深对主题的理解、突出演讲重点等作用。

第二节 科普演讲中如何讲故事?

故事的融入

演讲包含两个概念:“演”和“讲”。两者相辅相成,也各有分工。“讲”是对内容的叙述和表达。而“演”,则是演讲者自身在演讲过程中的多向表现。“讲”通过“演”更吸引受众,“演”依据“讲”更精彩纷呈。

科普演讲的“演”是一种表达方式,科普表达不是表演,不是政治演说,不需要唾液飞溅,甚至歇斯底里。“演”是与受众的沟通,是发自内心声情并茂地循循善诱,充满情感地与听众进行心灵的呼应,饱含热情地去进行科学传播。演讲者的着装、举止、情绪、态度、节奏、语调语气、思维方式等因素,特别是情感的投入所体现的个人魅力,对演讲效果具有重要的影响。

科普演讲的“讲”注重的是演讲的内容。“讲 ”不仅仅是讲述和解说,而是用生动的语言、独到的见解以及合适的表述，把科学知识及其科学思想深入浅出地传递给受众。

“讲”需要“演”的助力，是“演”的基础；“演”是为“讲”服务的，是为了更好地“讲”。总之，好的演讲不是热闹，热闹只说明演得不错，并不代表讲的效果理想和有内涵。好的演讲是受众在听的过程中饶有兴趣，结束了还意犹未尽，内心有感触或震动，之后有思考的空间。所以，科普演讲过程无论是融入故事，还是采用讲故事的语言和语气，都会让“演”的形式更吸引人，让“讲”的内容更活泼丰富。

科普演讲中“演”和“讲”的关系之于故事，则更强调两者的配合。因为一场科普演讲的受众具有相对的局限性，而且对所掌握的知识基础有一定的要求。科普的受众是一个求知群体，不是单纯来听故事的。但是，知识又是枯燥的，所以运用故事来活跃气氛就显得不是可有可无。科普演讲中的故事又不同于一般的故事，“演”的成分过了，就给人一种华而不实的感觉；“演”的成分不足，又不能充分发挥故事的作用。所以，用心交流是一个重要的前提，也是将故事恰当表达的一种基本方法。

我们发现有的演讲里面故事像珍珠一样一个接一个，非常吸引人。有时候，一场演讲中并没有故事，照样很吸引人。这是因为这场演讲虽然没有故事，但采用了故事性的演讲方式。

演讲中的故事和书本上的故事不同，不限于文字，而是包括语言、语气、表情、动作等多种元素组成。所以，有故事的演讲一定具有故事性；而没有故事的演讲，可以借用故事的语言方式使其具有故事性。比如演讲者在《先当妈后当爸的鳝鱼》的演讲中就采取了这种方式：

“大家都见过黄鳝吧？你要是问一只黄鳝是公的还是母的，恐怕怎么回答都不一定对，因为黄鳝的性别可能随着年龄的增长而变化。黄鳝刚出生时都是小淑女，直到长大成鱼都是母的。每条鳝鱼都有当妈妈的机会，能够充分体验母亲的伟大。鳝鱼妈妈非常爱自己的宝宝。当卵宝宝们将要出生时，鳝鱼妈妈会在洞外吐出一团团气泡做出泡泡床，然后才小心翼翼地把卵宝宝生在上面。泡泡床像摇篮一样，载着宝宝摇呀摇，直到它们长大。如有坏蛋敢来捣乱，妈妈就跟它们拼命。要是水干涸了，妈妈会把卵宝宝含进嘴里，转移到合适的环境中继续孵化。瞧，多聪明的鳝鱼妈妈。不过，随着宝宝的成长，鳝鱼妈妈的身体开始悄悄变化。因为，当它把肚子里的卵宝宝生出来之后，雌性的角色也就结束了。接下来，鳝鱼妈妈身体的机能会发生“性逆转”，变成雄性，和鳝鱼爸爸一样了。小鳝鱼们长大后再也找不到妈妈了，因为它们的妈妈又去做别的小鳝鱼的爸爸了。它们好想不通呀。不过，等它们长大后就会明白的，鳝鱼身体的构造就是这样奇妙，很多的鱼想变还不会变呢。”

这篇文章并非在讲故事，而是在讲黄鳝具有性逆转特性的科学知识。只是在讲述的过程中，使用了比喻、拟人以及夸张等艺术元素，使其具有故事性的气质。

故事的类型

对于故事的类型，可作如下分类：

（一）人物故事

科学是在不断发展的，其过程必定有关键的科学家在起关键作用。这些科学大师就像科学史上的珍珠，闪烁着耀眼的科学思想的光辉。讲述科学人物的故事，能让受众感受到科学家是有血有肉有情感的真实的人，产生亲近感，成为可望也可及的人生楷模。

（二）事件故事

科学进步的过程，就是一个接一个科学事件连缀起来的。每一项发明发现，都是一个传奇般的故事。讲述这些故事，能让受众听到科学行走的步履声，感受到传奇中的真实性。这里有惊心动魄的科学与宗教的博弈，有重大科学发明发现的惊奇，有云雾般的科学未解之谜，也有万般艰辛和顿悟的写照。这些故事确有其事，至于情节，经过口口相传可能早已模糊了面貌，但其核心事件不会离真相太远。如牛顿虽然关于微积分的理论成就早，但发表的时间却晚于莱布尼兹。英国数学界因微积分的发明之争，造成封闭锁国上百年。后来终于放下争论，将微积分的发明视为牛顿与莱布尼兹两人的功绩。这样的事件本身就是一个令人印象深刻的故事，发人深省，事件本身给予人类的警醒意义，已超出了科学发明本身。

（三）历史故事

科学的思维方式既要实事求是，也要历史地、辩证地看问题。在讲述科学知识的时候，如能用讲故事的方式给受众一个清晰的科学发展的来龙去脉，不仅能帮助受众对科学知识进行理解，还能让受众看到科学发展的脉络，想象其未来。比如关于橡胶的发明过程，就源于15世纪西班牙探险家哥伦布率领人马第一次踏上南美大陆时，发现了当地的印第安人用刀割一种树干，流出的白色乳液做成橡胶，并把这种乳液叫作“树的眼泪”。很多年后，人们才知道这种“会流泪”的树就是橡胶树。哥伦布并没有把这个发现当回事，后来，法国科学家从秘鲁带回有关橡胶树的详细资料，首次报道了有关橡胶的产地、采集和利用的情况，才引起欧洲人的重视，开始研究其利用价值，橡胶产品也应运而生。不过，这时候的天然橡胶产品不耐高温，限制了使用范围。1839年，美国人固特异想解决这个问题，在研究过程中，稍不注意将硫磺融入了橡胶，从而发明了橡胶硫化技术，克服了橡胶不耐高温的弊端。这项技术推进了橡胶产业的迅速发展，被称为橡胶行业的第一次革命。从此，橡胶作为一种重要的工业原料，成为价值非凡的黑色黄金。但是，由于工业发展迅速，橡胶种植业迅猛发展，不但造成大批土地牧场被侵占，橡胶产生的污染也成了全球性的“黑色污染”问题。为解决这一问题，自20世纪80年代，科学家又研发了能循环使用的热塑性弹性体硫化橡胶，以节省能源，减少污染。

由此不难看出，有关橡胶发明发现的科技史，不仅看起来像一个充满传奇的故事，也让受众顺着发展的轨迹看到了橡胶工业带来的利和弊，从过去、现在看到其未来。这样的故事不仅让受众知道一种科学成果从哪里来到哪里去，也是一种科学思维方式的培育过程。

（四）文学故事

从一个文学故事的角度来讲述一个科学主题，听起来风马牛不相及，其实不然。科学和人文本来就是“双胞胎”。我们始终认为，离开了人文思考的科学是一条不归路。科学发展如此迅速，时常会把人文甩得很远，这是危险的。其实，从世界上第一部科幻作品《弗兰肯斯坦》的诞生起，科幻作品就从来没有离开过人文关怀。这个作品的价值，早已超出了科学幻想的界限，衍生出对科学发展的未来的恐惧和考量，一直影响到今天人们对人工智能何去何从的追问。

科学文艺是科普演讲故事性的一个借鉴来源。科学文艺作品中有传记、报告文学、小说、童话、诗歌、戏剧、影视等，与科学相关的故事很多。有些作品具有相当的影响力。比如演讲专题与量子力学有关，可以借助美国科幻电影《蚁人》系列的故事进入，对其中穿越黑洞的情节进行质疑和分析，和受众一起由浅入深地进入演讲主题。

（五）虚构故事

一场科普演讲始于一个虚构的故事，可不可以呢？完全可以。这个虚构故事可以是原来就有的，也可以是自己编织的。但是，这个虚构故事一定和科学主题有关。这样的故事，往往会起到更好的带入作用。比如你可以讲一个怪物从100℃的开水里缓缓钻出来，跟小主人微笑着打了个招呼。这样的故事，一定让很多人感到不可思议，但是，假如你接下来讲出地球上很多动物是可以生存在不止这样的温度里，比如加利福尼亚湾外海 2500 米的深水处，热泉口附近水温高达350℃以上，却生活着红色大蛤、管状蠕虫和螃蟹等生命。这样的知识新奇得有点玄幻，完全可以编织个骇人听闻的虚构故事带入。在科普演讲的过程中，虚构可以让科学插上想象的翅膀，更加引人入胜。

讲好故事对演讲者的基本要求

一个好的故事，需要一个好的演讲方式去实现，才能达到好的效果。故事和演讲人合二为一，才能组成一个完整的故事主体，将故事声情并茂地以最佳效果传递给受众。所以，故事的讲述对演讲者有以下基本要求：

1. 有良好语言表达的基本功；

2. 有充沛的情感沟通能力；

3. 对于身边的科学故事具有敏锐的嗅觉；

4. 对故事中的科学性能够全面理解和诠释；

5. 有自然亲和的表达状态。

科普演讲中的故事融入，要紧紧围绕科学性开展，这是一个基本原则。不能为了吸引受众注意力而插入离题太远的故事，即便有趣，也不足取。不过，由于科学性也关系到人物、事件等各个元素，对于不同的故事，也会起到不同的传播作用。好的故事，就是“选取适合的素材 + 出现在适合的时间 + 起到最好的作用”的故事。一个好的科学故事会让一场演讲生辉。

演讲者要善于发现身边发生的科学事件和新闻，留意原始的素材，善于从中提炼和升华。选定自己要讲的故事，紧紧围绕演讲的主题，从题材的选择、主题的提炼、结构的安排、人物的塑造、语言的运用、细节的设置、节奏的把握等方面通盘考量，使故事内涵丰富，情节起伏，短小精悍，引人入胜。

第三节
科普演讲中故事的“深入”与“浅出”

要想引经据典地把故事讲好，只有知识和情感投入是不够的，需要在深入浅出上下功夫。

科普演讲中的故事或故事性是一种再创作，是对科学知识的扩展、加工、提炼以及升华，就像从庄稼地里收获的粮食，需经过演讲人去粗取精用心编排，才能把知识酿造成可口的“美食”，让受众喜欢接受。

要想做好一场科普演讲，让演讲具有故事性的视角和语言是需要基本功的。科普演讲要想做到深入浅出，首先要把深入的前期工作做足。不深入，就不能驾轻就熟地真正做到浅出。反过来，虽然在知识方面深入了，如果不能有效地掌握浅出的方法，也无法达到理想的效果。在这里，深入不止是对某方面的知识要专业精准，还要有更广博的知识积累；浅出也不是指知识的深浅度，而是把深奥的知识用浅显易懂的方式表达出来。

深入

（一）涉及的专业知识要有深度

科普演讲必须要具备知识性，但不止于此。科普注重认知，不仅让受众知道是什么，还要知道为什么，要经得住连续三个为什么的追问。

有的演讲者可能认为自己就是研究这门学问的专家，一辈子都在做这个学科的研究，难道知识还不够深吗？不一定。因为这个“深”不仅包括知识的深度，也包括相关知识的广度。

现代科学分科很细，一位专家对某一学科可能研究很深，具有权威性，但对其他相关学科却不一定了如指掌。受众见到专家，各种兴趣都可能被激发出来，什么问题都可能问到，有些问题甚至是超出想象的。假如是一场关于北极的科普演讲，就可能被问到北极的生态链是怎样的，因纽特人怎么度过漫长的冬天，用什么取暖，用什么照明，甚至怎样用一只船桨制服一头海象等；假如是关于昆虫的科普演讲，就可能会被问到蚂蚁为什么是大力士，和恐龙生活在同一时代的很多大型动物都消失了，蚂蚁为什么能存活下来，蚂蚁是否有脑电波等问题。很多问题是多学科融合的。何况科学在不断发展，可谓一日千里，不断有新发明新发现出现。这就需要演讲者充分研究受众的心理和需求，不断关注科技发展动态，及时扩展、补充和更新知识。常言道“家中有粮，心中不慌”。无论对所演讲的主题，还是对受众，只有经过了透彻地研究，才能把最有价值、最有趣、最前沿的知识、最适合受众的知识点和相关联的内容挖掘出来，在演讲过程中随机应变，有问能答，才能激发受众的想象力。

（二）对于可能涉及的内容要有广度

讲好科普故事仅有专业知识的深度是不够的，还需要具有相关知识的广度。比如我们经常在一些科普文章上发现一些错误，并不是专业知识范畴的错误，而是引用了另外一个错误的科学事件或历史事件，以及对那个事件的错误描述。虽然不是知识性本身的错误，仍然会使本来精彩的演讲逊色许多。所以，演讲者除了对专业知识的把握，还必须具有广博的相关知识储备，才能避免引经据典时出错。

（三）对于相关内容要有多维的思考

科普故事不同于一般故事，是以科普教育为目的的。所以，探讨科学知识及科学研究过程中所蕴含的科学思想、科学精神和科学方法，并将其有效地融入科普演讲内容中去，就成为一个科普演讲者的必修课。特别是针对青少年的科普演讲，终极目的是育人。所以，如何通过科普故事帮助青少年建立科学的思维方式、培育科学精神，是选择科普故事和讲好科普故事时关注的重心。

（四）要有科学思想的高度

科学家通常具有哲辩的思想深度和较高的人生境界。演讲者的思维方式和思想境界无疑会渗透在演讲的一言一行中，对受众和演讲效果起着潜移默化的作用。因此，科普演讲对演讲的内容不但要求“深”“厚”，也要求演讲者具有一定的思想和境界高度。只要这样，播下去的科学种子才能更加具有教育性，才有可能结出更加优质的果实。

浅出

讲好科普故事，旨在通过故事把深涩难懂的知识更好地传递给受众。如何化繁为简、把深奥的概念变得浅显易懂，是一门非常值得研究的学问。

我们经常见到有的科普演讲受众反应非常热烈，不但能听懂，还觉得非常有趣，意犹未尽。但有的科普演讲尽管知识非常丰富，可受众反映听不懂，因而兴趣索然。这就是演讲者虽然有知识的深度，但没能浅出来的缘故。一场科普演讲如何能做到通俗易懂，有几种常见的方法可供参考。

（一）把专业术语通俗化

一场科普演讲要想受众能听懂，首先要把晦涩难懂的专业术语变成受众能接受的普适化语言，最好能让语言变得生动有趣。同一个演讲主题，要根据不同的年龄段或不同的知识层次，采取不同深浅度的内容和表达方式，用不同的语调、语气等来调节气氛，可谓“见什么人说什么话”。比如茅以升用小板凳的形状来形容桥梁结构；李四光形容地球的构造时用鸡蛋黄、鸡蛋清和鸡蛋壳来比喻地核、地幔和地壳；有的演讲者用缩小的城市形容集成电路。小板凳、鸡蛋和城市都是小学生熟悉的具象，这样比喻小学生一下子就理解了。

再比如，20 世纪中叶，由 20 多位著名科学家和工程师编著的《科学家谈 21 世纪》，是一本多学科跨专业的科普读物，不论是阐述现实还是预测未来，都丝毫没有教科书式的说教痕迹，虽然文风不同，文体各异，但适读性是这本书的特点，从小学生到成年人都能读得懂、有兴趣。从通俗易懂和生动形象来说，很好地回答了如何把知识向大众讲明白的问题，对我们讲好科学故事，具有非常实用的参考价值。

（二）把数字变成受众可以明白的量

科学知识时常携带很多数据，有时候受众年龄段比较低，对数字不容易一下子理解。要是书籍，读者可以慢慢领悟，但是演讲过程稍纵即逝，很容易让受众反应不过来。所以，演讲者可以用受众熟悉的量来比喻。科学的传播要求知识精准，但不是机械照搬，得看受众群的需求。有时候必须精确，精确到小数点后多少位。有时候则可以采用模糊概念，重在兴趣启迪和科学理念的引导。比如形容蚂蚁是人体重量的百万分之一，则可以说成一百万只蚂蚁加起来和一个成人的体重差不多。比如大齿猛蚁的大颚咬合速度不到1毫秒，可以说成大齿猛蚁的大颚1秒能咬合约1000次，比人类眨眼速度快2300倍，比步枪子弹还快。再如1纳米的概念很多小学生不能理解，可以说成1万根纳米级的头发丝，才相当于1根正常的头发丝粗细。

（三）把生涩的概念变成形象的比喻

很多科学家习惯了专业用语，如何把专业词汇变成受众所能接受的词汇，是一个非常重要的降阶过程。不同的受众群，具有不同的词汇层级。比如下面是关于腺苷三磷酸的例子。

专业描述：腺苷三磷酸（ATP）是由腺嘌呤、核糖和3个磷酸基团连接而成的一种化学物质，ATP是腺苷三磷酸的英文名称缩写。ATP分子的结构是可以简写成A–P~P~P，其中A代表腺苷，P代表磷酸基团，~代表一种特殊的化学键，叫作高能磷酸键，高能磷酸键断裂时，大量的能量会释放出来。ATP可以水解，这实际上是指ATP分子中高能磷酸键的水解。高能磷酸键水解时释放的能量多达30.54kJ/mol，所以说ATP是细胞内一种高能磷酸化合物，水解时释放出较多能量，是生物体内的能量来源。

降阶描述：腺苷三磷酸，也称为ATP，是一种化学物质，在生物体内是能量的“携带”和“转运”者，被生物学家称为“能量货币”，既是体内能量的主要来源，也能促使细胞的修复和再生，具有改善机体代谢的作用。

不难发现，“能量货币”的比喻让一般受众都可以理解了。

（四）把理性的知识变成有温度的话题

科普演讲过程中，讲一个典故、一个发明发现过程中的逸闻趣事，也许就能拉近枯燥的知识和受众兴趣之间的距离，让知识有温度。寓教于乐，就是要让听众乐闻、乐看，不想走。故事无疑可以起到这个作用。比如演讲内容涉及世界著名物理学家居里夫人，除了讲她的发明发现和功绩，也可以讲一下她的生活和一些鲜为人知的故事，诸如居里夫人对于孩子的教育观、对科学研究的态度等，让人物变得活灵活现；还可以从一个女性的角度看居里夫人，讲一下她为什么要这样刻苦地研究那种可怕的放射性物质，拥有了很多男人都不能达到的成果。

科普演讲提倡视角独特，有自己的不同观点和个性。比如现在很多人会用电脑，却不知道计算机语言是怎么回事。其实很简单，就是0和1组成的机器语言帮助完成人和计算机的对话。给小学生讲计算机语言很麻烦，但是一个小故事也许就解释清楚了。比如科普出版社主办的“科学微童话大赛”曾有这样一个获奖的科学童话，题目叫作《0 和 1》：“哥十个里面，他俩最小，一个圆溜溜，叫0，一个瘦高高，叫1。人小志气大，上世纪初，这小哥俩结成一对搭档，偷偷爬出数字王国的围墙，来到了计算机的世界，当了计算机的语言大使。从此，计算机们用 0 和 1 这对小搭档写成计算机语言，让我们大家都能使用计算机，提高学习和工作效率。”

如此简洁有趣的小童话，就把一个对小学生难以讲清的计算机语言概念讲清楚了。这就是演讲者讲故事的功力。

其实，人天生就是故事的讲述者。即便演讲的过程没有故事融入，演讲本身也可以当作一个讲故事的过程来设计。只不过这个过程讲的既不是真实的故事，也不是科学文艺中虚构的故事，而是实实在在的科学知识，只是借助了讲故事的方式，借助了风趣生动的语言、饱满的情感、声情并茂的演讲气质，以及艺术的表达韵律等，都会让整个演讲过程像讲故事一样有悬念、有发展，有跌宕起伏的曲折，有意味深长的结尾，同样具有故事的效果。演讲和写故事一样，要想感动别人，得首先感动自己。要想让受众感兴趣，先检验一下这个故事能否让自己声情并茂地去讲述。总之，演讲时的语言越生动、情感越投入，受众就越能被带动。

对于一场科普演讲来说，受众有兴趣主动地进入和无兴趣被动地进来，效果是截然不同的。

（五）站在受众的角度自我检测

好的科普演讲应该具有全龄化意识，之于科普演讲的故事或故事性，也亦如此。好的演讲应该是小学生听了不觉得深，成年人听了不觉得浅，都能够兴趣盎然。这样的效果大概已经达到深入浅出的理想境界了。

检验一个科普演讲是否能够深入浅出的标准之一，就是去试一试儿童是不是能听懂。所以，在演讲课件的制作过程中，对于科普故事或故事性表达，也应该有意识地向这方面靠近检验。能否使受众产生兴趣，是检验演讲效果的重要条件之一。情感的注入能让故事绘声绘色，让受众产生共鸣，提高兴趣，拉近“高冷”的科学和一般受众之间的距离，让演讲者和受众迅速融为一体。

第四节
科普演讲中的故事采集

利用资料本身的故事性

对于科普演讲中的故事来源，可借助带有故事性的资料，从图书、报道、亲历、见闻或在搜集到的科学家、科学发明发现和相关的逸闻趣事中找出故事点，甚至可以从一个著名事件、名著片段或一则名言开始。

比如关于味精的发明，这个过程就是一个很好的故事。

1908年的一天，日本东京帝国大学化学教授池田菊苗在海带汤中感觉到一种美味，于是对海带进行了详细的化学分析。经过半年时间，终于发现海带含有谷氨酸钠并提炼出此种物质，定名为“味精”。池田教授还发明了以小麦、脱脂大豆为原料制造味精的方法，从而使原料来源更加丰富，生产更加广泛和普及。不久，味精便在全世界风行起来。

其实，故事讲到这里并没有结束。演讲者会引申到为什么一个家家户户常吃的海带，多年来一直没有发明出这种叫作“味精”的调味品？这是因为大家习惯了这样做菜可以得到鲜美味道的思维方式，而这位教授多了一个“为什么”的思考。科学精神就是要大胆质疑，多一个为什么，就会多一些发现。这个故事还可以讲到食用味精的科学方法，纠正听见味精就色变的偏见，也可以告诉大家使用味精烹饪时应该注意的事项。

利用图片的故事性

大家可能会奇怪，有些看似风马牛不相及的图片，为何在讲述着同一个植物的故事呢？比如给出一组图片，包括一朵花、一张美元的纸币、一个棒球和古代黄道婆的画像，它们之间有什么联系呢？原来这朵貌似蜀葵的花是棉花的花朵，而美元纸币中有 75% 的材质取自棉花的纤维，一个棒球里也有 150 码的棉纤维，而黄道婆从海南学习织布，然后传遍江浙一带的故事告诉大家，那种叫作“吉贝”的布不是丝绸，而是棉布。而棉花并非北方特产，是古代通过南海的水上丝绸之路传进来的舶来品。故事由此开始，大家一下对棉花就扩展了很多知识。接下来可以讲到棉花的原产地、棉花的种植史、棉花的多种用途、彩棉的种植技术等，甚至可以引申到丝绸之路的诸多话题，比如丝绸、玉米、胡椒等。充分利用可视性资料讲述一些鲜为人知的相关故事，会让科普演讲更直观有趣。

利用视频的故事性

在科普演讲中，播放视频是最受欢迎的环节。这些视频包括纪实资料、纪录片、动画片、影视作品等。比如一场关于科幻的讲座，就可用电影作为切入点进入关于科学想象力的演讲主题。

如电影《蚁人》里面的科学幻想并不一定能够全部符合科学逻辑，比如用意念控制蚂蚁就不符合蚂蚁靠信息素传递信息的事实。但是，借助年轻人喜欢的电影故事作为科普演讲的切入点去讨论相关科学问题，是一个不错的选择。特别是对于小学生，视频给予的印象要比语言、图片都深刻。

利用文学艺术中的故事性

科学和文学本来就是双胞胎，很多文学作品中，包含科学元素。比如俄国作家列夫·尼古拉耶维奇·托尔斯泰就曾在《战争与和平》中写道：“只有采取无限小的观察单位——历史的微分，并运用积分的方法得到这些无限小的总和，我们才能得到问题的答案——历史的规律。正是这种微积分，纠正了人类由于只观察个别单位所不得不犯下的和无法避免的错误。”作品直接把微积分思想应用于对历史的观察。对这段名著的借用，可以将一个关于微积分的科普演讲一下子提到思想方法的高度来讲述。

再如，鲁迅先生在《从百草园到三味书屋》中曾写道："翻开断砖来，有时会遇见蜈蚣；还有斑蝥，倘若用手指按住它的脊梁，便会啪的一声，从后窍喷出一阵烟雾。"于是，一个关于昆虫和仿生学的演讲主题，就从鲁迅先生的对斑蝥的描写开始了。昆虫学家指出，斑蝥并没有放屁的构造，遇到危险只能从关节处分泌一种有毒的斑蝥素用以防卫。能在屁股上按出响来的小虫，是气步甲。因为两只昆虫大小花色差不多，童年的鲁迅对这个现象辨认不准确是可能的，但是，从这个有趣的故事开始，则可以带领受众饶有兴趣地走入神奇的昆虫世界，开启一场昆虫仿生学的演讲。

创作适合科普演讲的故事

故事历来带有很强的传播性，对于科普演讲有着不可或缺的作用。所以，作为一名科普演讲者要养成随时随地积累故事的习惯，培养一种故事性思维，并通过自己的创作编出更加适合科普演讲的故事。

一场科普讲座要是能做到得心应手，针对不同的受众、不同的地域、不同的教育基础等特点随机应变地讲故事，就达到了一种"化"的境界，能更好地与受众进行心灵沟通，知道他们的所需、所感、所想，从而让科普演讲变成一种饶有兴致的故事盛宴。

06

第六章

科学实验与演示在科普演讲中的运用

世界上第一位诺贝尔物理学奖获得者、X射线发现者伦琴曾说："实验是最有力的杠杆，我们可以利用这个杠杆去撬开自然界的秘密。"科学实验是如此的重要，在实际科普演讲中通过合适的方式展示科学实验，往往可以起到超乎想象的效果。在本章中，我们将系统介绍一些在科普演讲中进行科学实验展示的技巧和注意事项。

第一节 科学实验的作用

引起兴趣，拉近受众，留下深刻印象

实践出真知。在科普演讲中通过科学实验，可以让受众了解整个实验的过程，包括实验的准备、实验的操作以及实验的现象，从而使受众更加信服。尤其对于一些理论原理较为深奥、抽象的科学实验，最后给受众留下深刻印象的往往是科学实验的现象。

对于一些操作起来容易的实验，如采用了生活中能找到

的材料，能瞬时拉近与受众的距离，使其产生亲切感以及强烈的学习欲望（想自行在家中尝试的欲望）；一些炫酷或反常识的实验，因为实验现象在生活中极少见到，可以冲击受众对于世界的认识，往往会引起受众惊呼。

释疑解惑，调控节奏，加深内容理解

上过大学数学、大学物理的人都应深有感受，无休止的推导、干巴巴的定理非常容易导致学生注意力不集中和产生无聊感，往往一节课下来学生变得精神恍惚不知讲了什么。于是教授们经常挖空心思地去找一些可以在课堂完成的小实验来辅助讲解，以吸引学生们的注意力。大学课堂如此，科普演讲就更要想方设法避免整个过程的枯燥和乏味。

所谓“文武之道，一张一弛”，人的注意力连续保持 40 分钟以上是非常困难的，这就需要在演讲过程中调控节奏，以保持受众的注意力处于集中的状态。科学实验就具有这种能力，它能在短时间内，有效地把受众注意力吸引过来。实践证明，在讲解原理和功能时，适时插入小实验可以有效地激起受众的兴奋，尤其在一些抽象得难以通过语言介绍清楚的地方，通过示意图、科学实验等方法进行展示，可以有效地起到辅助介绍、强化认知的作用。

化繁为简，画龙点睛，揭示科学内涵

一个效果明显且能有力证明观点的科学实验，会让受众顿然醒悟且对演讲内容充满信服。在进行了充分的铺垫，已经提起了受众广泛的好奇心或者疑问的情况下，这时再利用科学实验进行展示，往往能有出其不意的效果。

历史上著名的比萨斜塔上的钢球自由落体实验、马德堡半球实验等，都是在对科学真理争论的人群之中进行的现场展示，最后一锤定音，无可辩驳地证明了其中的科学原理。于是人们记住了同时落地的两个铁球和十多匹马拉不开的真空半球，也记住了科学真理，进而对科学所包含的丰富内涵有了更深的理解。

第二节 科学实验在准备时应把握的问题

科学性

科学性是科普工作的根本属性，没有了科学性，科普工作会从根本上丧失意义，有的甚至可能变成谣言蛊惑大众。这类演讲非但无益，甚至还会误导、危害受众。

而科学实验作为重要的证明知识科学性的证据，更应具有不可置疑的科学性，不应掺杂任何作假行为，且受众有了解科学实验操作细节的需求。在进行科学实验之前，需要科普演讲者查询大量可靠的相关资料，并在展示前进行充分实际操作验证，必要时还需要咨询相关领域的专家学者，做到展示科学的真正现象。

新颖性

在当前这个信息爆炸的时代，每天产生的信息不计其数，但是具有新意的信息却占比很少。人的信息接受能力是有限的，知识新鲜、趣味性强、易于理解的科学知识尤其受欢迎。具有新颖性的科学实验能够提升受众的兴趣，令受众得到截然不同的感觉。

要使实验具有新颖性，需要从实验内容和设计等方面花足够的心思，这就要求科普演讲者在平时接触最前沿的科学报道的同时，还需要学习了解互联网、艺术设计甚至舞台表演等方面的基本知识和最新进展，当然也可以咨询相关专家以获得指导。

艺术性

艺术来源于生活而高于生活，科学和艺术是相通的。人们的审美本性，导致人更倾向于选择更富有美感的展现形式。如会场布置、灯光、音效等会为科学实验烘托气氛，科学实验所展示的现象的艺术性，往往也能为科普演讲带来高潮。举个例子，很多化学实验现象明显，绚烂的色彩、物质的产生与消失等都是其与生俱来的艺术感的显现。在科学实验中，巧妙地利用实验现象中声、光和色的艺术特性，能为科学展示带来意想不到的美感；而艺术的美则特别有利于科学知识的传播。

思想性

科学实验不仅要展示出实验现象，更重要的是给受众介绍科学的思考方法，这样才能改进受众思考问题的模式，激励其在生活中思考问题、解释问题并最终解决问题，而这恰恰是科学素养的体现。

要做到科学实验有思想性，需要在科学实验过程中加入有逻辑的介绍，不能一言不发或仅仅停留在描述实验操作的层次。在实验展示之前要通过层层铺垫介绍实验的原因，在实验中介绍每一步操作的科学原理，以及知识之间的相关性，并描述实验现象以得出结论或引出进一步思考。

观赏性

从某种意义上讲，科普演讲中的科学实验展示亦属于表演范畴，而表演就需要具有观赏性。虽然事实上在实际科学研究中，科学实验往往是枯燥重复、夜以继日、充满艰辛，还具有诸多不确定性，但是由于科普展示的特殊性，在不违背科学性的前提下，选择合适的方法手段、突出重要的实验现象、选取精彩的实验片段，进而达到揭示科学真相的目的，是十分必要和切实可行的。选择的实验最好有较为明显的实验现象（最好是炫酷的），再辅以最佳的表现形式，可以有效吸引受众的注意力。“魔幻泡泡秀”就是一个非常成功的案例，借助光和科普人员熟练的、充满艺术感的操作，将水的表面张力的实验提升到了艺术表演的层级，使受众不但学到了科学知识，还得到了艺术的享受。

第三节
科学实验在演示时应注意的问题

规范操作

规范操作是科学基本素养的体现。毛手毛脚、颠三倒四、不按规程办事，不仅不能圆满地完成实验演示，还有可能造成难以预料的后果。规范的操作是提高实验的成功率、安全性的保证，也是使实验结果令人信服的前提。由于一些实验演示简洁新颖、便于普及，有些受众可能会模仿和重复实验和演示的内容，这就要求在传播源头的相关操作是合乎实验规范的，因此在准备和实施科学实验时，要仔细检查实验操作的各个细节，严格遵照相关学科的实验操作规范，起到正确的引导和示范作用。

注意安全

实验之前应充分评估可能发生的危险状况，做好充足的准备并防止意外的发生。如果展示的实验和火有关，就需要提前准备好灭火器材；如果和电有关，如有必要就需要准备绝缘手套或衣物，将设备接地并检查漏电保护器是否工作正常等。同时，不要展示会产生有害物质或者使用有毒有害物质的实验。

掌控时间

把握不好时间和不合时宜地展示实验，往往起不到应有的效果。科学实验和科普语言介绍是相辅相成的，讲解过多可能会占用科学实验展示的时间，进而可能影响实验的进程；而由于没有估算好实验的时间而压缩了讲解的内容，又会导致受众不能很好地理解实验；实验展示的内容和讲解部分逻辑不通等，都会造成实验的失败。

在科学演讲之前，应多次进行科学实验的预演，在熟悉操作的同时，确定好实验所需的时间。另外，应将科学实验安排在合适的时间点进行展示，使针对实验的讲解和实验本身紧密结合在一起。

把握节奏

科学实验应该以合适的节奏进行展示，尤其做一系列对比实验时，不应当有的实验拖得时间很长，有的实验则紧张收尾，而是应该将每个实验控制在一个较为合适的时间段内完成。

应该突出实验的重点和实验之间的不同点，在重点的部分应强调并吸引受众的注意力，在一些间接的操作时可适当分散受众的注意力，这样一张一弛间可以较好地分配受众的感受，从而达到较好的实验效果。

心系受众

科普演讲中尤其要学会换位思考，特别在实验和演示的环节，要考虑受众的感受和体验。在演讲之前要评估受众的教育背景和喜好；实验开始时，在保证科学性的前提下，使用易于理解的语言（可借助举例子或打比方等技巧）对实验操作以及实验现象进行讲解；实验过程中可以通过提问或者自问自答形式与受众进行简单互动，根据现场受众的反应，进行展示速度以及展示形式的调整，如果条件允许，可以邀请若干名受众参与实验操作等，但一定要保证安全性。通过这些做法，使实验和演示贴近受众、适应受众，从而使受众通过实验演示真正有所收获。

营造氛围

科学实验是带有表演性质的，我们可以设想，在乱哄哄的菜市场里做一些科普实验显然是非常不伦不类的。科学实验需要通过舞台的专业化布置、前期演讲的铺垫来营造适合展示的氛围。并在实验过程中通过灯光、音效以及演讲人员的表演等技巧，将实验演示结果有效地展现出来。

历史上很多科学原理是基于实验得出的，这些无疑得益于当时严谨的实验氛围；而演讲氛围的烘托对于实现实验和演示效果也是十分重要的。

第四节 演示完成后应注意的问题

及时清理

实验结束后，应该及时清理无用的实验用品。最好有专门的运输工具（如推车）和负责清理的人员，如果实验用品较少或还要继续使用，也可直接放在不被注意的位置。

不留隐患

主要的实验结束后，应当将实验用品，尤其是药剂等妥善收拾好，没有反应完全的实验应当及时停止，这对于化学类实验尤其重要。涉及易燃易爆等物品时应当由专业人员妥善处理，不留安全隐患。一些必要的灭火、断电等操作在实验完成时及时进行，其他的后续处理最好是在全部演讲结束后实施，以减少演讲时不必要的时间浪费。

保护环境

科普实验往往会涉及一些化学药品，或者其他不常见但是可能对环境有害的物质，如果不能合适地处理，可能会对环境造成一定程度的影响。这就需要实验者本人或者相关人员对这些物质进行处理，具有回收价值的废物，应当标注后回收或者交由专门的回收机构回收，切不可随意丢弃或交给非专业人员处理。

第五节
科学实验在演示时的局限性及解决办法

微观现象的处理

很多实验现象是厘米、毫米甚至是纳米尺度的。如果是厘米尺度这种肉眼可见的实验现象，可以在实验台附近搭起微距摄像头，通过放映的方式投射到大屏幕上进行展示；对于毫米尺度以下的实验现象，可以考虑将实验置于光学显微镜下进行操作，并将图像数字信号输出至大屏幕进行展示；微米或者纳米尺度的实验往往需要更复杂的实验设备，而这对于演讲台可能不太现实，这类实验往往是通过录像或者图片的形式进行展示。

这些微观尺度的实验，为了实验效果突出明显，可以考虑提前拍摄专业的照片或者视频以辅助现场实验。

超大宏观现象的展现

对于超大宏观现象，如太阳风暴、地球卫星运转等，这类现象的展现往往是通过模型来进行原理展示，并辅助以短片进行讲解，还可以通过小型实验道具进行现场的模拟。

危险环节的处理

有些实验的现象虽然炫酷，但是如果在实验过程中不注意安全的话，可能引发现场事故。在保证实验效果的前提下，要尽可能缩小实验规模或者通过保护装置将影响控制在安全范围之内。除此以外，操作人员应当受过专业的安全培训，并携带专业的防护装备。

还有一些危险系数高的实验如子弹穿透物体，可以考虑在户外的安全地带进行，也可由专业人员拍摄成视频（或者网络直播）进行展示。有些需要大型的防护设备的实验，应采取恰当的措施。如液氮爆炸实验，专业的操作人员将装有液氮的瓶子拧好盖子，塞入一个挖洞的西瓜中，液氮吸热体积膨胀，会将西瓜炸得粉碎，而整个过程，西瓜必须放置在一个钢化玻璃做的透明容器内。

互动环节的处理

由于演讲时台下的受众众多，让所有的受众参与到实验操作过程中显然是不现实的（除了个别在台下座位上即可完成的实验）。如果实验的操作安全性较高且门槛不高，一般可以选择一两个注意力集中、表现较为积极的受众上台，令其明了方法步骤后可进行辅助操作，这样可以有效提高受众的注意力。除此之外，在演讲和实验过程中还可以让受众通过提问或自问自答，甚至以集体投票的形式参与。

拖沓环节的处理

虽然在实验前可以提前准备好必备的实验用品，但是有些实验是不能快速展示出明显结果的，尤其是一些生物或者医学实验。对于较长时间才能展现明显结果的实验，可以通过穿插讲解以等待反应时间，而对于时间更长的实验，可以考虑在介绍必要的实验操作后，展示提前准备好的成品。除此之外，还可以通过照片或加速播放录像的形式对实验过程进行讲解。

第六节
演示中紧急情况的应对与处理

现场实验演示不成功

科普实验一般需要在台下进行多次验证与练习，但是仍有失败的可能。

遇到这种情况，首先一定要保持镇定，不要被受众的情绪所带动。紧接着应当快速提供一个较为合理的解释，并强调实验成功的关键因素，以提升受众对实验成功的信心。如果实验还有快速重复的可能，便可以再次进行实验演示，此时应当注意避免上一轮的问题。

实验演示过程漫长

如果实验演示的反应时间超出了原计划，此时可以适当缩减后续环节的非关键内容，或者将部分相关内容转移至实验演示环节中来，这对于演讲者的时间把控能力以及对于知识的掌握是个考验。

受众不感兴趣

在进行科普演讲之前应评估受众的兴趣点，并根据其关注点设计演讲实验的内容，就像给男士推销化妆品往往很难引起其兴趣一样。如果在实验过程中，发现实验的内容或展现形式与受众的兴趣点有所偏离，那么应当及时调整实验的侧重点和展示形式。另外还可以通过发放小奖品的形式鼓励受众回答问题或者参与到实验中来；引入一些受众熟知并感兴趣的元素（现实生活中的热点话题）来热场。

引起受众骚动

当受众看到现象惊人的实验后，往往会有惊呼、议论声，短时间内会对实验节奏带来影响。这就需要在现象发生之前，通过语言引导和气氛烘托，提前让受众做好思想准备。

引起骚动还有其他原因，如极端的无聊、异常的感兴趣等，这就需要演讲者根据实际情况及时调整实验并控制受众的情绪。另外，如果有条件的话可以考虑提前安排一名或几名现场管理员以维持会场秩序。

07

第七章

科普演讲中的语言运用

演讲是一门语言艺术，科普演讲是这门语言艺术中的一个重要分支。要做好一场科普演讲，最基本的要求就是把话说清楚，让观众听得懂、听得明白。有句行话叫“嗓音有天赋，嘴里需有功”，就是说声音如果不经过训练，就不会有铿锵有力的感觉。

第一节 科普演讲对语言、声音的要求

使用普通话

科普演讲应使用普通话。普通话的标准包括语音、词汇、语法三个方面。语音的系统性比较强，世界各民族语言的标准一般都以一个地点方言的语音系统为标准。七百年来，北京是中国政治、经济、文化的中心，过去的官话、国语基本上都根据北京音。“北京语音”主要指北京话的语音系统，不包括个别的土音。普通话是在北方方言的基础上形成并逐渐发展起来的。北方话的词汇具有很大的一致性，它是普通话

词汇的基础。

普通话的语法以经过提炼加工的书面语为标准，就是“以典范的现代白话文著作为语法规范”。所谓“典范”的著作，是指具有广泛代表性的著作，如国家的法律条文、报刊的社论，以及现代作家的作品等。普通话语法用书面语作标准，也说明普通话不仅是民族共同语的口语，同时又是有统一规范的文学语言。

下面两点则是对声音的具体要求。

声音洪亮

演讲者在演讲的过程中一般都应该拥有准确清晰、清亮圆润、富于变化、有力持久的声音特点。能以起伏自如、轻重有致、自然和谐的艺术魅力，使观众受到感染和熏陶。而洪亮的声音不仅可以让观众很容易地听清科普演讲者所表达的内容，更可能增加这些科普内容的可信度。

声音洪亮需要科学的发声方法，要注意不能让声带过于用力，造成声音尖细、声嘶力竭，甚至造成声带疲劳、病变，毁坏嗓子。

口齿清楚

科普演讲主要靠“说”，字是意义和情感的载体，要让观众听起来清楚顺畅，没有理解障碍，也不会发生曲解。

有些人说话不清楚并不是口舌的生理问题，而是从小没有养成好的说话习惯，没有注意语言的训练，说话时懒得张嘴，懒得用力气，所以造成说话不清楚，甚至声母、韵母含混，不能区分。要想把话说清楚，唇齿舌颌都要用力。只要不偷懒，认真练习，大多数人还是可以做到发音清晰，口齿清楚。

第二节
科普演讲中声音和气息的把握

声音对每个人来说都是非常重要的，好的声音是魅力的体现。有位法国演员曾经说过：“嗓音的力量是不可估量的，任何图画的感染力，远远比不上舞台上正确发出的一声叹息那样动人。”

好的声音来自天赋，更需要后天的训练。要想成为成功的科普演讲者，就需要按照科学的方法，坚持不懈地进行发声的基本功训练。

正确的发声方法和用气方法

气息是声音的动力，它可以产生能量。在进行科普演讲时要特别注意气息的控制。掌握正确的发声、用气方法是做好演讲的先决条件。

在日常生活中，一般情况下我们只要把气吸到肺的上部，用这点气来推动声带的振动就可以说话了，声音也不需要很大。如果我们说着说着气不够用了，也没有关系，再吸一口气接着说下去就行了。

但是，在科普演讲中情况就不同了。首先需要音量大一些、饱满一些。因为一些比较长的句子，特别是涉及一些科学现象、科学原理的时候，需要一气呵成。洪亮的声音、雄伟的气势全都要靠气息去支撑。这就需要我们有足够大的气息量，光靠把气吸到肺的上部是远远不够的。

其次是用气，从呼吸道呼出的气流变化是产生声音的能源。发音的时候，它让声门上下的气压产生差异，通过声带振动而发出声音。发音时的呼吸与平静时的呼吸是完全不同的。发音时呼吸的特点是呼气时间延长、吸气时间缩短，吸气量增加，呼吸的次数也会有所减少。

进行科普演讲往往需要一两个小时的时间。要做到从始至终保持音量不减、音色不衰，让声音能够自如地表情达意，不至于出现气喘吁吁，甚至上气不接下气的现象，没有训练有素的气息控制是很难做到的。

要学会控制声音，一定要先学会控制气流，而气流主要是靠呼吸获得的。它与我们平时习惯的胸部和腹部呼吸是不同的，需要采用胸腹部联合呼吸的方式。这种呼吸方式能够有效地减轻声带负担，增强有声语言的表达能力和艺术魅力。

接受过发声技巧培训的朋友，即使是在发声的时候，以膈肌为主的吸气肌也会保持适当的紧张度，调节呼气量，让发音能够持续圆润。这时候，腹肌也要保持充分的紧张。

无论是说话还是演讲，朗诵还是唱歌，我们在发声的时候，都需要调节呼气和吸气，就连反射性咳嗽、打喷嚏也需要呼气和吸气的协调。为了能很好地完成科普演讲工作，呼吸的调整和训练是非常有必要的。

（一）口腔操

就像我们在锻炼身体之前需要先热身一样，在每次进行科普演讲前，我们也可以做一些预热准备，比如做一做口腔操，活动活动舌头和嘴唇。如果处在干燥的地方，请注意先在嘴唇上涂抹一些润唇膏，以免做口腔操时造成嘴唇撕裂。

下面列举几个口腔操的练习方法：

1. 开合练习。把嘴张开，像打哈欠一样，之后把嘴自然闭上。张开的时候动作要柔和，嘴角有意识地向斜上方提起，舌头自然平放。张嘴、闭嘴 4 次为一组，反复做 4 组。有一些人在说话的时候张不开嘴，做这个开合练习，就可以有效地改善这种情况。

2. 咀嚼练习。就像嚼口香糖一样，张开嘴巴咀嚼，再闭上嘴巴咀嚼，舌头自然放平。各做 4 次为一组，反复做 4 组。做咀嚼练习，可以有效地锻炼口腔部位的肌肉。

3. 双唇练习。双唇自然闭合，向前、向后、向左、向右、向上、向下运动，并且顺时针、逆时针转圈，最后轻轻抿嘴将双唇打响，就像飞吻一样。这样为一组，一共做 4 组。做双唇练习，可以有效地锻炼双唇部位的肌肉。

4. 舌头练习。把舌尖顶在下齿内侧不动，舌面逐渐上挺，两次为一组；让舌尖在口腔里交替地顶左右口腔壁，左右两次为一组；让舌头在牙齿外侧顺时针、逆时针转圈，各绕 4 圈为一组；让舌尖伸出口外向前、左、右、上、下伸，两遍为一组；让舌尖在口腔左、右侧顶上牙床，两次为一组；舌尖弹硬腭、弹口唇、与上齿龈接触打响，各两次为一组；舌尖与软腭接触打响，两次为一组。每次做 4 组。做舌头练习，可以有效地增加舌头的灵活度。

常做口腔操可以有效地加强唇、舌部肌肉的力量，提高唇、舌的灵活度，提高对口腔的控制，从而达到吐字清晰集中、圆润饱满。

（二）气息练习

气息练习主要是增大肺活量。我们要多参加户外运动，多做扩胸运动，饮食方面不挑食、不偏食，再运用科学、系统的方法进行训练，就可以有效地增加肺活量。

“腹式呼吸法”是增加肺活量的一种有效的呼吸方法。我们可以运用“腹式呼吸法”进行吸气、吐气的练习。

练习方法是深吸气，让气往下沉，把胸廓和腹腔之间的横膈膜向下压，使胸腔的上下径加长、加大。很多人在吸气的时候会有意地把胸挺起来，让肚子瘪下去，这是不对的。吸气的基本姿势是保持挺胸的状态，让肚子鼓起来，挺直后腰。发声呼气的时候要用腹肌控制出气量的大小和力度，在小腹肚脐下三指处（丹田位置）形成一个支点。

练习吸气的时候，我们可以先把手放在我们的丹田位置，把眼睛闭上，想象着面前有一朵茉莉花，我们在闻花香，闻完花香之后，不要松气，紧接着练习一段绕口令，直到呼完这口气。

经常练习绕口令《数枣》，既可以有效地训练气息，也可以练习口齿。尝试着用一口气将下面的绕口令说完。

《数枣》

出东门，过大桥，大桥底下一树枣，
拿着杆子去打枣，青的多，红的少。
一个枣，两个枣，三个枣，四个枣，
五个枣，六个枣，七个枣，八个枣，
九个枣，十个枣，十个枣，九个枣，
八个枣，七个枣，六个枣，五个枣，
四个枣，三个枣，两个枣，一个枣，
这是一个绕口令，一气说完才算好。

语流音变

在语流中，由于受到相邻音节音素和语言环境的影响，一些音节中的声母、韵母或者声调或多或少会发生语音的变化，产生音变现象。这些变化的音节包括轻声音节、儿化音节、变调音节和变音音节等。音变现象虽然是普通话中的自然现象，但如果不能掌握其中的音变规律，说出的普通话就会让人觉得生硬、别扭，有时候还会影响语义的准确表达。要想把科普内容讲得自然、流利、准确、传情，就要根据表达的需要，恰当地处理好普通话的这些音变形式。

（一）“一”字的音变

一个音节因为受它后面另一个音节的影响，或者是约定俗成，这个音节不读原来的声调，而读另外的声调，这种现象叫作音节的变调。

1. “一”字在单独使用、在词尾、在句末、在和数词一起使用时，读音不变，依然读第一声阴平。比如：第一页、一二三四五。

2. “一”字在第四声去声字前面时，变化读音为第二声阳平。比如：一路、一律、一旦、一定、一阵风、一次性、一触即发、一箭双雕。

3. “一”字在第一声阴平、第二声阳平、第三声上声字前面时，变化读音为第四声去声。比如：一边、一场空、一举、一口、一了百了、一家之言、一鼓作气、一言以蔽之。

4.“一”字被夹在两个重叠的动词中间时，变化读音为轻读，属于次轻音。所谓次轻音，就是虽然是轻读，但仍然能听出原有的声调，只是读得轻一些、弱一些。夹在中间的“一”字，依然要按规律随后面字的声调变调。比如：闻一闻、歇一歇、写一写。

特别需要注意的是，“一”在有些字前面，因为含义不同，会有不同的读音，一定要具体问题具体分析。比如“一组”里的“一”是序数，和“二组”“三组”是并列的，“一”要读原来的声调第一声阴平；如果“一组”表示全组的意思，“一组人全都参赛了”，这时候要按变调规律读第四声去声。

（二）“不”字的音变

1.“不”字在第一声阴平、第二声阳平、第三声上声前面时，读音不变，依然读第四声去声。比如：不曾、不才、不服、不管、不辞而别、不好意思、不劳而获、不期而遇。

2.“不”字在第四声前面时，变化读音为第二声阳平。比如：不够、不对、不过、不顾、不近人情、不露声色、不入虎穴焉得虎子。

3.“不”字被夹在两个重叠的动词中间时，变化读音为轻读，属于次轻音。比如：看不看、想不想、写不写。

请试着读一下“不伦不类”，第一个“不”是四声，第二个“不”是二声。

（三）儿化音

儿化音是普通话中的一种语音现象，词语里字音的韵母因为卷舌作用而发生音变的现象，称为儿化。儿化了的韵母，叫作儿化韵。儿化以后的字音仍然是一个音节，但带儿化韵的音节大多用两个汉字书写。一般情况下，这些作为后缀的“儿”字，都做次轻声处理。特别需要注意的是在遇到具有政治性、科学性和学术性的字词时，应该尽量少用或不用儿化。有区别词义和分辨词性作用的情况一定要儿化，该儿化而不儿化就会产生误会。

1. 儿化可以表示少、小、轻等状态和性质。比如男孩儿、玻璃球儿、心眼儿、瓜子儿等。

2. 儿化可以表示喜爱、亲切的感情色彩。比如宝贝儿、小伙伴儿、小调儿、有趣儿、逗乐儿、面人儿、妙招儿等。

3. 儿化可以表示鄙视、轻蔑的语气和感情。比如丑角儿、小偷儿、没门儿等。

4. 儿化还具有区别词义、区分词性的功能。比如使动词、形容词等名词化：画画儿、盖盖儿等。

这些儿化需要多多练习，争取形成脱口而出的习惯。北京及周边地区的方言，使用儿化较多，而南方很多地区，很少使用儿化，这都是语言不规范的表现，都要特别注意。

还有一些约定俗成的儿化音，如果不按儿化音读，意思就变了。比如：

八哥儿（一种鸟）——八哥（行八的哥哥）

前门儿（房子的门）——前门（北京的地名）

破烂儿（名词）——破烂（形容词）

跑调儿——跑掉

在演讲中，我们要特别重视儿化音的使用，因为很多人在语言表达的时候往往会忽视儿化音。儿化音如果说不好，会让人觉得别扭。有的人会把儿化音去掉，比如把“让我们玩儿去吧”说成“让我们玩去吧”，把“心眼儿”说成“心眼”，这些都是不对的。有的人把儿化音读成单独的音节，这样也是不对的。其实“儿”只是表示一个卷舌的动作，不是独立的音节，发音的时候注意发音部位靠后一点。

吐字归音的方法

科普演讲时的咬字，也就是吐字归音很重要。有一句话说得好“咬字千斤重，听者自动容”。

每一个汉字，都是由若干音素组成的。

最前面的声母，称为字头，它是字音开始的阶段，是整个字音的着力点。读字头，称为“吐字”。

中间的韵母称为字腹，读字腹，称为“过韵”，也可以叫“归韵”。

最后的韵母称为字尾，读字尾称为“收音”。

有些字只有单韵母，没有字腹，即使有字腹，在读音时，也常常对韵母作统一的要求，所以习惯上常把“归韵”和“收音”合称为“归音”。

正确的吐字归音方法是发音清晰、字正腔圆。

发音时先找准部位，蓄足气流，发音干净利落，富有弹性。这时要掌握声母和韵母的关系，如果只强调声母的作用，嘴皮子过于用力，字咬得太死，影响韵母，声音就会不响亮，造成气音过重，而有字无音；如果只强调韵母部分，又会产生“音包字”的现象。

字腹是字音中最响亮的部分，它对字音的响度、圆润饱满度和清晰度的影响很大，是字音口腔开口最大的部分。在日常生活中我们会发现有些人说话时嘴张不开，往往这样的人说话时会呼呼噜噜，别人听不清。如果存在这样的问题，就需要在训练时适当地张大嘴巴来开音。这对于增强声音的响度，减轻嗓子的负担是很重要的。口腔开度大是指牙关打开，使口腔内部容积增大。

字尾收音时，注意嘴唇和舌头位置要到位，要收得干净利落，不可以拖泥带水，也不可以草草收尾。

在科普演讲中，需要出字有力，咬住字头，拉开字腹，收住字尾，声音连贯，气息控制自如。

第三节
科普演讲中重音和停顿的运用

强调重音

为了清楚地表达一句话的内容、内涵和情感，必须重读或者特殊处理其中的一些字和词。语句中需要重读或者需要做特殊处理的字和词，就是语言的重音。

在做科普演讲的过程中，我们经常要强调一些科学道理和科学概念。为了加深受众的印象，要把想说清楚的词语说得重一点、慢一点，这就需要使用重音。如果科普演讲中没有重音，就会让人听不明白内容，也不容易记住科普要点。换句话说，如果没有重音，就失去了语言的目的性。

重音的分类

重音可以分成“词重音”和“语句重音”。

1. 词重音。把一个词或者一个词组中的某个字读得重一些、强一些，称为“词重音”。

普通话的语言中由两个字组成的词很多。

有的词是两个字的音量一样。比如：节奏、喜鹊。

有的词要求重读第一个字。比如：**脖**子、**嗓**子、**姿**势。

有的词要求重读第二个字。比如：毛**巾**、肥**皂**。

三个字组成的词或者词组，有的重读第一个字，比如：**绿**菜花、**花**头巾。

有的重读第二个字，比如：无**花**果、日**全**食。

有的重读第三个字，比如：巧克**力**、毛巾**被**。

四个字或者四个字以上的词或词组，一般都会重读最后一个字。比如：日积月**累**、锦上添**花**。

在一个词或者词组里，对重音的要求很高，如果重音读得不同，意思也会不同。比如：

大意（不注意、疏忽）——大**意**（主要意思）

孙子（晚辈）——孙**子**（古代军事家）

东西（方向）——**东**西（物品）

2. 语句重音。在不同的情况下，为了强调不同的意思，语句的重音会有所不同。语句重音又可以分为逻辑重音和感情重音。逻辑重音是能够把突出句子主要意思或者特殊含义的字词重读，是符合语言逻辑的重音。

同样一句话，强调不同意思的时候，要重读的字和词也会不同。比如“我想吃饭”这句话，按照说话者要表达的意思，按照语言逻辑，可以选择不同的重音。

我想吃饭（重音是我，表示想吃饭的人不是您，也不是她，而是我）。

我**想**吃饭（重音是想，但不一定马上就去吃）。

我想**吃饭**（重音放在吃饭，而不是去睡觉、锻炼）。

（二）重音的作用

在科普演讲中，重音在语句中所起的最重要的作用就是加强表现力。不仅要将重音位置找得准确，还要从声音形式上有所体现，让观众在听觉上能鲜明地感受到、准确地领悟到科普演讲者所要表达的科普态度。

在演讲中，有时重音位置很正确，但是由于重音强调手法不当，只提高了音量，观众听着生硬、突兀，没有感染力，也不能起到应有的作用。在演讲时表达手法的单一也是形成“平腔平调”的一个重要原因。所以重音的运用不仅关系到表达的清晰度，而且在把科普内容表现得生动、形象的效果上也有不可替代的作用。恰当的、丰富的重音表现手法，能增强演讲的表现力和感染力。

（三）确定重音的位置

要确定一句话的重音位置，首先要找准中心词，这就需要科普演讲者对演讲的背景和内容做充分的了解，准确理解所要表达的内容，把科普内容中最想表达的转化成心里想说的话，要说的话。在找不准重音时可以多做尝试。

（四）重音的表现方法

重音表达的基本原则是遵循科普演讲内容。在演讲时，就算找到了句子中重音的位置，如果不讲究重音的表达方法，还是无法准确地将内容与思想表现出来。要注意重音与字音轻重不是一个概念，重音存在于科普内容的字里行间。重音并非只有“轻、重”的字音特征，它还有缓急、高低、明暗等多种语音特征，所以重音的表达方法是多种多样的，不仅仅是加大音量、音强。例如语速的变化也可以起到重音的作用。

重音可以采用重读的方法，但演讲作为语言艺术，还可以采取很多种方法来表现重音。比如突然把要读重音的字词轻轻地读；突然把语速放慢；把重音字词拖长声音；夸张地读重音字词；在重音字词上用笑音、哭音、气音、颤音等装饰音处理。这就是我们常说的语言艺术的表现力。

重音是为了达到强调的目的，但是如果把整个演讲都设计成重音，那样也达不到强调的目的。因为全是重音就相当于没有重音，所以，重音要少而精。

恰当停顿

（一）停顿的作用

人在说话的时候，中间总会有停顿。一方面因为生理需要，我们在发声时要靠气息支撑，除了很短的句子、很简单的意思以外，不可能没有停歇地将所表达的内容一口气说到底。如果没有不断地补充、调整气息和调节声音的生理过程，就会像不喘气一样难以做到。需要停顿的另一个原因是内容和情感的需要。在进行科普演讲时，我们要把握好内容的含义，找准停顿的位置。一般来说，阐述科学要点和出现难点、重点问题时，需要做一些明显的停顿，以引起受众注意。停顿时可以换气，也可以不换气。

停顿在科普演讲中所起的作用很重要，它可以准确地传达语意、控制节奏、调节氛围，是科普演讲时的一个常用方法，同时也是吸引和感染受众的有效手段。停顿用无声对比有声，是为了引起观众的期待，静候下一句话、下一个内容出现，正所谓“此时无声胜有声”。

（二）停顿的分类

停顿主要分为语法停顿、逻辑停顿、感情停顿等三种。

1. 语法停顿。这是汉语普通话语法结构本身所需要的一种自然停顿。文稿中以标点符号分句，以内容分段落。遇到标点符号，一般都要停顿；如果是一个段落结束了，更需要停顿。停顿的长短要按语法结构安排。比如顿号、逗号停顿比较短，分号、句号、冒号、破折号停顿适中，问号、惊叹号、省略号停顿比较长。段落之间一定要有停顿。

2. 逻辑停顿。这是由语言逻辑和思维逻辑的需要而产生的停顿，目的是更准确、更清楚、更明白地表达内容和意思。在句子中没有加标点的地方，也可以按逻辑停顿设计出标点停顿。同样词语组成的一句话，在不同的地方停顿，就会表达出完全不同的含义。关于逻辑停顿的重要性，“下雨天留客天留人不留”的故事可以很好地诠释。

有位穷书生到富亲戚家串门，顷刻间外面就下起雨来。这时候天色已晚，他只得打算住下来。但这位亲戚却不愿意，于是就在纸上写了一句话：“下雨天留客天留人不留”。穷书生看了，马上明白了亲戚的意思，却又不好意思明说，心想：一不做二不休，干脆加了几个标点：下雨天，留客天，留人不？留！

亲戚一看，这句话的意思完全变了，也就无话可说，只好给书生安排了住宿。其实，这句话除了书生标点的这一种办法以外，还有9种标法，可以分别使它变成陈述、疑问、问答等多种句式。

一是，下雨天留客，天留，人不留。

二是，下雨天留客，天留人不留。

三是，下雨天，留客，天留，人不留。

四是，下雨天，留客，天留人，不留。

五是，下雨天留客，天留人不？留！

六是，下雨天，留客天，留人不留？

七是，下雨天，留客天，留人？不留！

八是，下雨天留客，天！留人不？留！

九是，下雨天，留客！天！留人不留？

逻辑停顿力求表达出潜台词，如果没有逻辑停顿，语言就没有了色彩。逻辑停顿不是思想感情的中断和空白，停顿是声音暂时的休止，但是心理活动和发声气息并没有中断，这个时候，演讲者的情绪正在酝酿，情感的凝聚或转换、刺激与反馈的体验也都是在停顿中延续或启动，之后在声音中展现，以期引起受众的共鸣。逻辑停顿和逻辑重音相关联，一般在“谁”“在什么地方”“做什么”的前后设计停顿，目的是把演讲的意思表达清楚。

3. 感情停顿。这是由于复杂、激烈的感情冲击使语言节奏发生变化，从而根据感情抒发的需要而设计的停顿。感情停顿是和感情重音紧密相连的。

（三）确定停顿的位置

设计停顿，一定要把上下句的意思弄明白，如果不作分析，想在哪里停就在哪里停，会让受众迷惑，甚至误解其中的意思。比如：“乌龟打败了兔子获得了赛跑的第一名”。如果停顿的地方在“打败了”的后面，“乌龟打败了，兔子获得了赛跑的第一名”，意思是兔子赢了。如果停顿的地方在“兔子”的后面，“乌龟打败了兔子，获得了赛跑的第一名”，意思是乌龟赢了。

（四）停顿的方法

停顿的表现手法多种多样。有的停顿长一些，有的停顿短一些；有的时候急停，有的时候停得比较柔和；有的会采用连停法，就是声音停止但气息不断，用一口气接着说下一句；有的时候会采用停顿字长音法。此外还有喘气法，弱声法等。

究竟如何停顿，需要在准备科普演讲稿时进行仔细的推敲、研究。

第四节
科普演讲中语言的节奏

节奏的作用

好的科普演讲之所以不会像催眠曲那样让人昏昏欲睡，原因之一是有了节奏。因为我们把握了重音和停顿，对演讲语言作了各种不同的设计和处理，让演讲在语言节奏和语调上发生了变化。

（一）什么是节奏

节奏是物质运动变化周期的标志。生活中时时处处有节奏。一天中有三顿饭，有白天黑夜之分；在艺术领域，节奏更是十分明显。

语言的紧疏快慢体现在节奏上，而语言的起伏高低则指的是语调。它们都是以内心情感为依据，通过音高、音强、音长和重音、停顿的不同变化和组合来体现的。

（二）什么是语言节奏

语言节奏是演讲时由演讲人内心情感和情绪控制的。语言速度的快慢，声音的高低起伏、抑扬顿挫、轻重缓急，这些现象不断回环往复，被称为语言节奏。

除了音长之外，节奏还包含重音、停顿、连接、语气、语调、语速、轻声等多种语言声音元素的往复变化。

需要注意的是，单一的语气、语调是不能表现节奏的。语言的声音表现只有以各种不同的形式循环往复地出现，才能被称之为节奏。

（三）节奏的特点

一般来说，紧张、激烈的地方，语言速度就可以快一些，声音就可以高一些；悲痛、神秘的地方，语言速度就可以慢一些，声音低一些。但是这种快与慢、高与低，都不是简单地一概而论的，而是取决于演讲者的心理情感：喜、怒、哀、乐、惊、恐、悲，这些才是调节语言节奏和语调的情感依据。

语言节奏是我们内心节奏的外在表现，因为内心情感和节奏是丰富多变的，所以会形成语言节奏的丰富多彩。有比较，才有变化；有重组，才有节奏。声音形式的高低、快慢、强弱、虚实等不同的组合，会让节奏丰富起来。根据语言声音形式的速度、力度和明暗特点，节奏可分为轻快的、凝重的、低沉的、高亢的、舒缓的、紧张的等不同类型。

调节节奏的方法

通常我们调节语言节奏的方法是：

欲升先降，欲降先升；欲快先慢，欲慢先快；欲重先轻，欲轻先重；实能转虚，虚能转实。

第五节
科普演讲对嗓音的要求

对嗓音的要求

我们应该先了解为什么人类可以发出复杂多变的声音。

在所有哺乳动物中，只有人类具有产生言语的能力，而声音又是语言的一种重要表达形式。发音时，在高级中枢神经原始声音系统的调控下，声门下气流振动声带产生原始的声音。之后，经口腔、鼻腔及胸腔等共鸣器官的作用而增强，形成具有一定音调、音强等特征的声音；同时又经过口腔内舌、腭、唇、齿、颊等构音结构的构语作用，最终表达成我们所能理解的语言。整个过程非常复杂，需要动力器官、振动器官、共鸣器官、构音器官及神经系统等整合协同才能完成。

（一）发音的动力器官

发音的动力器官是呼吸器官，主要包括气管、支气管、肺、胸廓以及相关的肌肉、膈肌和腹部相关的肌群。在吸气和呼气肌群的作用下，胸廓变大或者缩小，也就产生了吸气和呼气的动作，从肺里呼出的气流是声带振动的动力。

胸廓的运动方式在胸式呼吸和腹式呼吸中各不相同。胸式呼吸主要靠改变胸廓前后径，腹式呼吸主要靠改变胸廓的上下径。人类在发声的时候所采用的呼吸方式一般都会采用胸腹式联合呼吸，与平静或劳动时的呼吸方法都有所不同，呼气比吸气的相对时间长，安静时呼气与吸气的时间比为1:1.2，说话时为1:5 ~ 1:8，唱歌时为1:8 ~ 1:12。

（二）发音的振动器官

发音的振动器官以声带为主体，发音时闭合的声带经过呼出气流的冲击、振动后发出最为原始的声音。声音的音调和音强分别与声带的振动频率和强度密切相关。

音调也就是声音的高低，取决于声带振动的频率，而频率与声带的长度、厚度、张力和振动范围有关。若声带短、薄、张力大、振动范围局限、振动频率快，所发出的声音音调就会高；如果声带长、厚、张力小、振动频率慢，所发出的声音音调就会低。

音强是指声音的强弱，它取决于声带振动的振幅，而且和声门下的气流压力有关。声门下压力大，声带振动的振幅大，声音就会强；相反，声门下压力小，声带振动的振幅小，声音就会弱。

（三）发音的共鸣器官

发音的共鸣器官包括鼻腔、鼻窦、咽腔、喉腔、口腔、胸腔等。其中声带以上至口唇形似喇叭的共鸣腔——声道的共鸣作用最大。声道是一端封闭，一端开放的闭管共鸣器官，具有可变性和复合性。声道的大小、形状以及腔壁的硬度都会影响共鸣效果。如果改变共鸣腔的形状和大小，音色也会随之发生变化。

（四）发音的构音器官

言语的形成是一个非常复杂的过程，与构音器官活动密不可分。构音器官包括口腔、舌、腭、唇、齿、颊等，属于声道中的可变部分。构音器官的作用是通过调节它们的相对位置，改变口腔形状和大小，以影响发声时声道气流，从而实现发声。通过唇、齿、舌、腭、颊、口腔等器官的调节，发出元音和辅音，并且起到使语音清晰的作用。

喉是一个多功能器官。它最主要的功能是发音，需要控制音调、音量等的瞬息变化。喉与情绪表达有关，如哭泣、嚎叫、呻吟、惊叹、大笑等，都可以因喉的合作而表现，如果没有喉的合作，仅仅依赖面部的表情和手势，是很难生动地表达情绪的。

（五）嗓音的基本特征

嗓音主要包括音高（音调）、音强（响度）、音长和音色（音质）等几部分特征。受年龄、性别及环境等影响，不同人有不同的嗓音。

1. 音调。声带振动频率越快音调就会越高；频率越慢，音调就会越低。声带振动的频率又取决于声带的长度、张力、厚薄、质量、位置以及声门下压力的强弱。

音调受年龄和性别的影响很大。在日常会话时，一般幼儿和女性音调高，成年男性音调低。音调会随着年龄的变化而变化，当然也存在着个体差异。老年人的声音变化是肌肉和弹性组织的退行性变，以及喉部萎缩的结果。以上因素使声音变得颤抖或产生高音调的尖声。

一位训练有素的歌唱家，能够精确地运用这些变化而发出准确的音调。

2. 响度。关系到受众对声音能量的感受。声音能量也就是声音强度。声带振动的振幅越大，声音就会越响；振幅越小，声音就会越小。决定声音强弱的另一个因素是声带振动模式。另外，音量也常常和音高有关。一般情况下，胸声发音时声音就会高一些，音强也会高。但是如果用假声发音的话，虽然频率高，音强反而会下降。

3. 音长。一般用最长发音时间，来推测一个人喉部调节功能以及发音的持续能力。方法是深吸气后用一定的音高、强度，尽可能长的持续发音，测出发音的持续时间。音长受发声者的健康状况、年龄、体型、肺活量、呼气方法等多种因素的影响。

4. 音质。是喉源音所具备的特性。一般指具有喉部调节和声带振动特性及音响特征的音色。

一个健康的人经过喉部调节之后所产生的音质，包括胸声、假声、耳语声、嘶哑声、粗糙声、气息声等不同类型。

我们常说音色是声音的个性。每个人、每种乐器发出的声音都是不一样的，这就是音色。一个人的说话声或者歌声可以借助音色来区分。音色是由共鸣腔来调节的。音色取决于嗓音中泛音的多少和强弱，受多方面因素的影响，包括声带振动的形式、共鸣腔的形态与构造、呼气与共鸣的方法技巧等。

描述音色的词汇有：柔和或者僵硬、明亮或者暗淡、有无回响声等。

（六）发音的方式

人们在发音时，在低音区域和高音区域会分别使用不同的喉调节方法。由于喉的调控方式不同，所发出的声音也各不相同，例如胸声、假声、混声、脉冲声、哨声、耳语声等。

1. 胸声。属于包括说话声在内的中低音区域的声区，特点是音调比较低，泛音丰富，音色丰满洪亮。

在胸声发音时，声带松弛、短厚，边缘圆钝，声带是整体振动的。胸声是胸腔共鸣的结果，发胸声时，胸部可以感觉到震颤，肺气功能充分地转变成声能。

2. 假声。又称头声，大多数情况下在唱歌的时候或者喊叫的时候使用。假声的音调高，泛音少，音色薄而且弱。

在假声发声时，声带被前后拉长变紧、变薄，喉室变大。假声的特点是头部共鸣，发音时会在头部产生共振，肺气的能量不完全转换为声能。

3. 混声。又称中音区，是歌唱家常采用的一种特殊的发音方法。目的是为了避免由低音和中音转为高音时出现非艺术性声音。混声是介于胸声和假声之间的临界性声音。符合艺术嗓音上的要求，便于两音混合统一，使音色保持均匀平滑的韵律。

4. 脉冲声。又称爆炸声，处于非常低频的声区，声音低沉、粗糙刺耳，无论说话或是唱歌都不常用。

5. 哨声。是人的极高音，和哨子的声音类似，声音尖，泛音极少，超出一般假声以及歌声的音域。

6. 耳语声。是低沙音混合气息声，噪声成分比较多，即所谓的窃窃私语声。

（七）起声

从无声到有声的变化过程，也就是声带从呼吸状态转换为发音状态称为起声。声音从开始发出时，声带从呼吸向发声位置移动的方式有很多种。根据声门闭合与声音出现的时间，将起声分为 4 种类型，即气息性起声、软起声、硬起声和压迫起声。

1. 气息性起声。发音前气体已经消耗掉一部分，先听到气息音，然后才会听到声音。如果在日常生活中长期使用这种起声方法，会导致发音困难，尤其是发高音或者必须持续长时间发音时，会感到非常吃力，也会影响说话的声音和质量。

2. 软起声。具有自然、柔软的感觉，常用于日常生活中安静地开始说话，或者唱歌，这种发音的方法对声带是没有损害的。

3. 硬起声。具有爆发性和强硬的感觉。常用在下命令、咳嗽或者情绪激动、发怒的时候。硬起声很容易损伤声带，容易出现声带小结、息肉等情况。

4. 压迫起声。是一种更为强烈的硬起声，属于紧张性发音，常见于由三弦伴奏的民间说唱，比如中国的鼓词和日本的浪曲等。

我们进行科普知识传播时，需要学会科学地发音。最好是高、低、中音交替使用，因为发高音的时候是用声带的前 1/3，发中音的时候是用声带中 1/3，发低音的时候是用声带后 1/3。这样交替发音不但可以使演讲“有声有色”，还能让声带交替休息。

对嗓音的保护

常言道,“闻其声如见其人”，甜美、圆润或者浑厚而富有磁性的声音，会给人留下美好的回味和遐想。美的声音，有先天声带发育的条件，也有后天保养的因素。先天的事情没有办法改变，但是通过后天的努力，保养好现有的声音，可以为科普演讲做好声音的准备。

（一）坚持有氧运动

首先要有一个健康的身体，保障身体的各个器官运转正常。如果经常生病是不能完成科普演讲工作的。

我们可以坚持做室外锻炼活动，以增强机体对疾病的防御能力，避免感冒、咽炎、喉炎的发生。当然，锻炼身体也要注意劳逸结合，在进行剧烈运动之后，最好不要大声地说话，因为这个时候全身的肌肉都处于疲劳状态，发音器官也不例外，它们也很疲劳，如果这时候大声地说话就容易导致这些器官发生疾病，影响嗓音。

（二）养成咽喉部的卫生习惯

在日常生活中，养成良好的卫生习惯很重要。现在我们已经知道饭前便后洗手，是避免身体受细菌侵袭而生病的有效方法。其实，对咽喉部来讲，我们也有保护的方法，比如在饭前、饭后可以口含清水做咽部清水含漱，就像早晨刷牙漱口时一样。平时我们可以多喝温水或者多饮茶，保持咽部清洁。但注意水温不可以太凉，也不能太热。

患有急性咽喉炎的朋友应该及早治疗，避免转成慢性咽喉炎。感冒的时候要注意让声音休息，尤其是感冒出现声音嘶哑之后，最好要禁声。患有咳嗽等症状的疾病也要及时治疗，以防咳嗽震伤声带。

特别需要强调的是酒后、感冒后或咽喉炎症的时候避免大声喊叫或长时间说话，以免形成声带小结。

如果嗓子发生不舒服、刺痒、干燥或有烧灼感，一方面要到医院医治，另外也可以在家采用辅助的热熏气疗法。具体方法是对着有热气的茶杯或茶壶张嘴呼吸，反复多次，不舒服的情况就会缓解，但要注意在做热熏气疗法时，脸部慢慢靠近热气，防止烫伤。

如果气候干燥，又习惯张着嘴睡觉，那么在卧室添置一台加湿器是个很好的护嗓办法。

（三）养成良好的饮食习惯

在日常饮食中，要适量、有规律，不可以暴饮暴食，以免影响气息的运用。

我们的嗓子很娇气，不能随意刺激它。在日常生活中我们最好少吃糖分过多、干燥和刺激性强的食物，比如过辣、油炸、太甜、太过油腻的食物或饮品，以免引起口腔、咽喉黏膜的慢性炎症，影响发音和共鸣。

演讲前后 15 分钟以内，最好不要喝大量的水，以免影响气息的运用。更不要饮用太凉或者太热的饮品，要尽量减少对咽喉黏膜和喉肌的强烈刺激，以免引起短暂的“失音”。

在饭后也不要马上用嗓，否则会影响气息的运用。

请不要吸烟，尤其是在演讲前后不要吸烟，否则很容易使咽喉干燥和喉肌疲劳，并且很难恢复。因此吸烟的演讲者建议尽早戒烟。然而，如果突然戒烟会引起心理和生理的不适应，反而会加重嗓音紊乱，则建议逐渐减少吸烟量。

酒精会降低中枢神经系统对动作控制的准确性和协调性，必然会影响发音。饮酒后声带会水肿，咽喉黏膜也会充血，分泌物增多，长期刺激咽喉部还会产生慢性炎症，直接影响发音，所以日常生活中要尽量少饮酒或者不饮酒。

听功能有障碍的演讲者，一定要有意识地控制说话的音量。因为不能正常听到自己说话声音的大小，失去听觉反馈对嗓音音量的监控，致使嗓音响度过大，长时间高音量发音将损害声带，出现发音障碍。

不让自己经常暴露在灰尘、刺激性气体或者干燥的空气中，灰尘、刺激性的气体或者干燥的空气都会对黏膜产生不良刺激，从而影响发音。

天冷的时候要穿高领的衣服，或戴上保护嗓子的围巾，以免受寒伤害咽喉部。

（四）学会用食物保养嗓子

在日常饮食上，不吃发物，最好经常食用适量的清淡温润、清咽利喉的食品，比如银耳、雪梨、百合、川贝、枇杷等，可以搭配食用。

如果条件有限，或者希望采用比较简单的方法，建议用蜂蜜加柠檬饮水的方法来保护嗓子。

蜂蜜性味甘、平，能补中润燥、滋阴美容，降压通便。但是要特别注意，蜂蜜不能用开水冲饮。蜂蜜含有丰富的酶、维生素和矿物质，如果用沸水冲饮，不仅不能保持其天然的色、香、味，还会不同程度地破坏它的营养成分。

中医古籍认为，“肺主秋，肺收敛，急食酸以收之，用酸补之，辛泻之。”意思就是说，酸味的食物能收敛肺气，而辛辣的食物会发散泻肺。所以，我们可以常吃梨、番茄、柠檬、乌梅、葡萄、山楂、石榴、猕猴桃等酸味水果，既可以养肺，还能达到止泻祛湿，生津解渴、健胃消食、增进食欲的作用。

（五）养成良好的用嗓习惯

在日常生活中，用软起声或者在软起声中夹杂一些硬起声比较好，不会引起声带的过度紧张。如果长期使用硬起声，强烈的呼出气流经常冲击紧张的声门，不但容易引起喉肌和周围肌肉的疲劳，同时声带也容易受到伤害。

平时说话的时候，我们的语速不要太快，要注意适当地停顿、吸气，一句话不要拉得太长。

不要长时间地说悄悄话。

不要在嘈杂的区域高声说话，也不要乱喊乱叫、大声尖叫。如果觉得声音单薄，应当用歌唱的训练方法练习低音。

适当控制日常生活中说话的音量、音调，音调过高不好，过低也不好。

在开始练习发声的时候，声调不要提得太高，要由小到大、从近到远、从弱到强、由低到高，避免一开始就大喊大叫地损伤声带。

如果不是特别需要，请不要长时间地说话，包括长时间地打电话。如果过度用嗓，会导致咽喉干燥、疲劳，引起声音嘶哑。

尽量用腹式呼吸法，用丹田发声，不要用绷脖子上肌肉的方式说话。

尽量不从口腔吸气，而应该多用鼻腔。因为无论是干燥的空气、冷空气或者不洁净的带有灰屑的空气，当通过鼻子的时候，可以在鼻子里获得适当的调整和阻拦，减轻对喉咙的伤害。

尽量让自己的性格平和，遇事冷静、不着急。那些性格急躁的人，往往容易出现短暂的、突发的过度用力发音行为，如果这种发音行为经常反复发生，将在不知不觉中导致不良发音习惯的形成。

人在站立的时候，肺里所容纳的空气最多，坐着的时候不如站立时多，而人在躺着的时候肺里的空气最少。所以不要在躺着的时候用大气力说话，不然会损伤发音器官。

有些人喜欢经常清喉咙、清嗓子，这些动作都会伤害嗓子。因为习惯性地清嗓子，气流会突然强烈震动声带，造成声带的损伤。如果感觉嗓子不舒服，可以小口地喝水，也可以做吞咽动作。如果你必须不停地做清嗓子的动作，那就要去医院检查一下。

在家里最好准备一些保护嗓子的食物和药物，比如喉糖、含片、罗汉果、枇杷膏、胖大海、金银花等。但要特别注意，不要经常依赖上面提到的这些食物或药物。

因为做科普演讲是不分季节的，所以我们应该有意识地经受冷热的锻炼，以适应自然环境的需要。

（六）提高心理素质

科普演讲不仅需要演讲者拥有健康的身体，也需要保持心理的健康。因为人的声音很容易受到情绪的影响，所以在演讲期间要尽量保持心情愉悦。

在演讲时，心态应该是振奋、积极的，精神应该是饱满而又全神贯注的，全身的肌肉应该是放松而又灵活的。

在演讲时最常见的现象就是气促、喉紧、“声音不听使唤”。而肌肉的僵硬也会导致状态的不舒展，比如胸部僵硬、喉部束紧等，都会使感觉迟钝，束缚演讲的感情调动。

坐舒服了，或者站舒服了，肩部放松，从容地深吸几口气。这会使紧张的状态有所缓和。只有在松弛的状态下才能自如地控制声音，这是有用的经验之谈。

在进行发声练习的时候，应该集中精神。不能急躁和急功近利，不要以为多练几遍一定会有效，漫无目标或精力不集中都会影响练习效果，有的时候甚至会把错误的方法巩固起来，而收到相反的效果。

在日常生活中，我们要不断地提高自己的心理素质，增强自身的心理承受能力。有了这样的心理状态，我们才能圆满地完成科普演讲工作。

（七）养成健康的作息习惯

我们的声带是需要休息的，要保证充足的、适量的睡眠时间，每天 7 ~ 8 小时的睡眠是保证我们顺利演讲的前提。如果睡眠不足，就会引起体力不支，喉部肌肉就会很容易疲劳，使声音听起来发暗、发哑、不好听。

第六节 科普演讲中话筒的运用

科普演讲者对话筒的运用也是必须掌握的重要技巧之一。在不同的环境和情绪下，演讲者声音的大小、远近、高低、强弱、明暗、虚实的变化是演讲成功的重要保障。这就要求演讲者在演讲时不但要有一定的语言基本功和丰富的语言表现力，而且还要掌握运用话筒的技巧。

话筒的类型

一般情况下，我们使用的话筒有三种类型：动圈式话筒、电容式话筒、驻极体式话筒。

1. 动圈式话筒。这种话筒的结构比较简单，不需要电源供电，稳定性比较好，噪音比较小。但是它的灵敏度比较低、音质比较差。一般的机关、学校、会议厅、KTV 或者一些非专业录音棚常会使用这种动圈式话筒。歌手在舞台上演唱歌曲时多采用这种动圈式话筒。

2. 电容式话筒。这种话筒的灵敏度比较高、音质优美，但是它的价格比较高，话筒比较“娇气”，需要外加电源供电，使用起来有些不方便。大部分的专业录音棚使用的都是这种电容式话筒。

3. 驻极体式话筒。这种话筒的灵敏度比较高、体积小巧、重量轻、价格比较低，只需要小电池供电，使用起来很方便，但是效果比较差，使用的时候与采访机、随身听、电话等设备连接上就可以了。

话筒的最佳方位

对于一般人来说，在使用话筒的时候，嘴应该在话筒的什么位置最好呢？或者说话筒的最佳方位在哪里呢？

这个问题没有明确的答案。话筒的最佳方位是指不同的情绪变化和不同的空间环境下嘴和话筒的最佳距离和最佳角度。

在演讲时，有经验的演讲者会利用话筒距离和方位的调整，帮助自己实现声音的明暗、虚实变化，以适应演讲内容的需要。

有了话筒的帮助，只要距离合适，很小的声音也可以被放大出去。

使用话筒的注意事项

一些使用话筒的细节问题也是非常值得演讲者注意的。

我们经常看到有些人在查看话筒是否有声音的时候，使用拍打话筒、手弹话筒、吹话筒、对着话筒咳嗽等方法，这些都是不恰当的。

在使用话筒的过程中，当我们话语里出现 b 、p 、t 等声母的时候很容易“喷话筒”。这就需要我们养成使用话筒防风罩的习惯，或者在这些声母发出时稍微调整一下嘴和话筒的位置。

在演讲时，嘴不能离话筒太近，距离太近会造成声音发劈；也不能太远，距离太远会造成声音的虚空。如果大声疾呼时应该远离话筒，如果窃窃私语就应该适当调近和话筒的距离。嘴尽量不要直对着话筒说话，可以稍微侧偏一点点，一般嘴离话筒大约有一拳的距离，特殊的效果需要特殊处理。

在演讲时，即使我们做一些动作，也要尽量保持嘴和话筒的位置、距离不变，只有这样才能保持我们从话筒里流露出来的声音稳定、清晰，才能完美地做好演讲。

我们还要注意话筒的敏感性。实际上，话筒比我们的耳朵还要灵敏，我们稍微发出一些不该有的声音，都会被话筒捕捉到，比如我们急促的呼吸声，感冒时候浓重的鼻音等，这些都会影响到演讲的效果。所以在演讲时，尽量避免在话筒前发出不必要的杂音。

08

第八章

科普演讲的不同受众及专业特点

科学技术的发展有赖于全民科学素养的提高。要提高全民科学素养，必须从全民普及科学知识做起。这就要求科普演讲要在不同层次、不同类别的人群中实施。因此，科普演讲的受众有着很明显的广泛性。随着科学技术的不断进步，专业分工越来越细致，需要向受众进行科普的内容也越来越丰富。因此，科普演讲的专业内容又有着很突出的差异性。这些特性，决定了科普演讲既是面向社会大众进行科学传播的重要形式，又成为各种专业知识对不同群体展现的平台。同时，面对不同的受众、针对不同的专业内容，也会使科普演讲呈现出不同的方法和模式。

第一节
科普演讲的不同受众

科普演讲作为一种群众性的普及教育活动，它的群体涉及的面很广。为便于分析，可将科普演讲的受众划分为两大群体，即学生群体和不同职业群体。

学生群体

我国历来十分重视学生的科学知识教育。除在正常的文化课程教育中设立专门的科学课之外，还积极倡导学生通过多种形式、各种途径接触更丰富、更广泛的科学知识。《中华人民共和国科学普及法》第十四条明确规定："各类学校及其他教育机构，应当把科普作为素质教育的重要内容，组织学生开展多种形式科普活动。"按照此规定，目前，各类学校都把科学知识教育作为学生素质教育的一项重要内容。

（一）学生群体的特点

一是基本数量大。我国由于人口基数大，在校学生数量世界排名第一。据相关统计，我国学生群体达到了 2.5 亿人。这其中包括了各类在校学生。按照接受教育程度不同，可以分为大学生、中学生（包括初中生和高中生）、小学生等三个层次。

二是学习环境好。不论是哪一层次的学生，都有相对固定的学习场所，与校外人员相比，学习的软硬件条件都具有明显优势。这为他们学习掌握科学知识提供了有利的条件，也有利于科普演讲的协调与组织。

三是求知欲望强。学生时期是人生的重要阶段，一般来说，学生往往思想活跃、好学上进，对新事物充满了好奇。

特别是中学生与小学生，思想束缚少，便于教化和引导。所以，他们对科普演讲的内容具有天然的亲切感，是科普演讲理想的受众群体。

（二）不同层次学生群体对科普演讲的需求

学生群体对科普演讲的需求比较大，一方面是因为他们正在读书期间，求知欲比较强。另一方面，学生对新事物的探索精神和天然的好奇心，促使他们愿意接受更有吸引力的科学知识。但是，在校学生群体，由于处于不同的学习阶段，其对科学知识的学习乃至科普演讲的需求也是有所区别的。

小学生。以往科普演讲活动主要集中在小学高年级的学生，即对四、五、六年级的小学生进行科普演讲活动。但根据 2017 年 2 月教育部印发并要求执行的《义务教育小学科学课程标准》，小学科学课被列为与语文、数学、英语同等重要的基础性课程。因此，从 2017 年秋季起，全国小学一年级新生的课表上，将出现一门全新的必修课程——科学。也就是说，科学课程将影响一千余万即将进入小学一年级的新生。毫无疑问，这一变化，将成为我国科学教育发展史上的一个重要事件。既然小学的科学课成为一门必修课，那么对低年级小学生的科普演讲活动就更有理由开展了。

初中生。这个阶段的学生处于求知欲比较强的时期。初一、初二学生时间相对宽松些，学校一般会主动安排一些讲座课，以扩展他们的知识面，适应他们对新知识的追求，或者是与所学的科学课相结合，起到一种辅助性作用。因此，科普演讲在这一部分学生中实施较多。初三的学生正面临着中考备考阶段，学习任务繁重，课程安排紧凑，一般学校不会给其安排科普演讲活动。

高中生。此时的学生进入青春期，自主学习能力增强。对高一、高二学生，学校一般都会有各种讲座的时间，能够为科普演讲留出空间。在教学课程中也有相关科学课程。所学的物理、化学、生物、地理等科学课程也为科学知识的深入学习做了很好的积淀。因此，科普知识讲座往往是学生们求之不得的学习机会。而高三的学生正处于高考前的“冲刺”阶段，学习任务非常繁重，一般也不会安排类似科普演讲等各种活动。

大学生。这个阶段是学生的思想逐步走向成熟的重要时期。学校组织的各种讲座活动比较多，也有一些学生团体会主动组织学生结合教学进行一些课外科学活动。大学生对科学知识的兴趣较高，理解能力也很强，如果学校组织科普演讲活动，他们大都会积极地参加。对于科学内容，除了他们在课堂上所学和平时接触了解到的以外，他们更感兴趣的是最新的科学领域和科技成果，如量子通信、人工智能、航空航天、国防军事等。如果只是知识的重复，则可能不会引起他们的兴趣。

由此看来，学生是科普演讲的重要受众，具有数量大、层次多、影响面广、易于组织的特点。演讲者在科普演讲前的准备时要认真了解情况，摸清听讲对象的相关情况，如年龄、数量、专业等基本要素，以便有针对性地实施演讲活动。

职业群体

在人类社会的发展过程中，由于分工的不同，产生了不同的职业群体，这就是俗话说的三百六十行。仅从科普演讲的角度来分析，不同职业群体涵盖面比较广，因而对于科学知识的需求也不尽相同。由于不同职业群体是社会组成的主要因素，占人群比例很高，对科学知识的需求也比较广泛，内容比较多。如有职业需求的，有生活需要的，有十分感兴趣的，也有一般性了解的，这就导致了这一群体对科普演讲内容需求的多样化。

改革开放以来，由于国家重视了科学技术，加之社会在发展过程中，人们对科学知识的迫切需要，也促使社会不同职业群体的人对于科学知识的掌握和了解出现了前所未有的热情，人们“学科学、爱科学、讲科学、用科学”，以提高自身应对科学技术时代飞速发展变化的能力。因此，人们普遍对科学知识充满了兴趣，如果有科普演讲之类的活动，往往会吸引不同职业群体中的各类人员。

科普演讲面对的各种不同的职业群体主要包括以下几类。

（一）工人

工人主要是从事工业生产的群体。随着现代工业的发展，工人不再是纯粹的体力劳动者了，他们的科技认知水平和工作环境的信息化程度在逐步提高。特别是在智能机器人大量使用于工业生产中，不懂科学知识是难以成为一名合格工人的。为了适应工作岗位的需要，提高工作效率，工人也迫切需要掌握与生产相关的现代科技知识。即便是与自己从事的工作没有直接联系的一些科学技术，这一群体也会喜欢涉猎。因此，一旦组织科普演讲活动，往往能引起他们的关注。但由于他们在生产第一线，受到生产时间的限制，一般情况下，是在业余时间安排科普演讲。当然，也有例外。一些高科技企业也会拿出专门的时间请专家讲授科技知识，提高工人的科学素养。

如果有机会给工人群体进行科普演讲，必须要针对受众的特点，有针对性地准备演讲内容。如了解所在企业的类别，区分是传统制造业还是新型的高科技企业等，对科普演讲准备十分重要。

（二）农民

农民目前仍然是我国人数最多的群体。目前，随着农业生产技术的现代化，农民已不再是使用原始落后工具在田间地头劳作的人群，他们也需要用现代化的科学知识武装头脑，用于指导农业生产，提高生产效率。特别是在我国广大的贫困地区，农民要想脱贫致富，没有科学的头脑与创新的思维去发展农业生产显然是不行的。这几年来，科技工作者为了帮助农村发展，开展了科技下乡活动，把先进、科学的农业知识传递给广大农民，推动了农村科学技术的发展，提高了农业生产效率。科普演讲活动要进入农村，让广大农民受益，在具体实施上还存在着一些问题。主要是农村人口相对分散，想集中起来讲课往往是件比较困难的事。况且农村条件比起城市来有较大的差距，如环境、场地、设备等。有些农村地区还缺乏科普演讲的基本条件。这就要求科普演讲者要了解和适应农村的实际，练就在没有规范的场地、教室及没有投影、话筒等条件下也能科普演讲的技能。

（三）军警人员

军队和警察是保卫国家和人民安全的武装力量。武器装备的现代化，对军警人员的科技素养提出了更高的要求。因此，军人与警察对科学知识的需求也越来越迫切。所以，一些与军事及高科技武器装备相关的科普演讲，更受他们的欢迎。

军队与警察由于执行任务的特殊性，在给他们进行科普演讲活动时，需要针对他们的具体特点与需求，认真备课，抓住与他们的职业特点结合紧密的科普知识进行备课及演讲，使他们感到听了有用，这样才能达到科普演讲的目的。

（四）机关公务人员

机关公务人员隶属于国家的各级组织机构，对社会各阶层实施管理和服务，需要有较高的工作水平与能力。将科学发展观的理念和科学知识相结合是每一位公务人员应该具备的最基本的素质。只有拥有广泛的科学知识，才能具备科学的头脑，从而在运用政策、指导工作、做出决策等方面更好地服务于人民。

虽然机关公务员工作领域有别，业务相差较大，但一些共同的科学知识是必须掌握的。这一群体所需要掌握的科学知识应该是广泛和相对全面的，比如对国防军事、农林牧渔、工业生产、经济管理、环境保护、生活健康、电子网络等都要全面涉猎。因此，对公务人员进行科普演讲，必须要有较宽的视野，能够把科技知识融入管理、运筹、决策之中，将演讲内容和他们的工作紧密结合起来，才能达到好的效果。

（五）社区居民

社区是社会的重要组成部分。从结构上来看，社区包括的范围很广。而社区居民涵盖的成分也比较复杂。一般认为，社区居民群体主要是由赋闲在家的退休人员为主组成的，但成分较复杂。社区是一种行政区划，具备一定社会管理职能，涉及的主要机构是街道办事处、居委会等。社区科普演讲的对象，主要是在街道、居委会所管辖下的居民。例如居住在社区的各类退休干部、职工及外来务工人员。他们对于科学知识的需求，主要集中在身体健康及家庭生活常识等方面，同时也对国家重大科学技术成就与热点科技内容抱有较大的兴趣。

随着我国社会的不断老龄化，社区中60岁以上的退休老年人不断增多。近年来，一些不法分子利用老年人追求健康长寿的愿望，引诱老年人去参加一些讲座、培训班，以伪科学宣传所谓的“健康长寿秘诀”，推销一些没有任何功效而价格昂贵的“保健品”或者“保健器材”，诈骗老年人的钱财。另外，也有一些人退休后缺乏科学正确的养生之道，在身体锻炼、饮食就餐、生活习惯等方面采取了一些不科学的方法，从而导致疾病缠身，生活质量下降。所以，在社区进行科学普及教育势在必行，刻不容缓。让科学进入社区不仅仅是个口号，而且应该成为扎扎实实的具体行动。

（六）其他人员

这里说的其他人员，是指上述五个方面尚不完全包括的专业人员群体。如教育界的教师群体、体育界的运动员群体、经济界的商业人士群体、第三产业的各类行业群体、宗教界的僧人群体等。不论什么样的群体，在当今社会中，都有对科学普及的需求。如宗教界的僧人、道士、尼姑、修女等，尽管其宗教信仰不同，但并不妨碍他们对于科学的好奇和了解。还有医院的病人群体，养老院的养老群体，监狱的犯人等，他们都享有了解科学知识，运用科学知识的权利。

对这些群体的人员进行科普演讲，有其特殊的要求，这一点，科普演讲者必须要有针对性地做好准备，充分兼顾好不同听讲对象的不同需求。

第二节
针对不同受众的演讲对策

不同群体对于科学知识的需求以及其本身具备的科学基础的状况等因素，将直接影响到科普演讲的效果。一名科普演讲者，如果在演讲时，不管听讲对象是谁，都不加区分地“一刀切”地对待，演讲效果必然要受到影响。所以，科普演讲者一定要根据听讲对象的职业特点，有针对性地实施科普演讲活动。

针对学生群体的演讲对策

（一）小学生

小学生是科普演讲活动的主要受众之一。这个群体数量大，分布广，科学教育任务艰巨。

小学生一般对一些有趣的科学知识感兴趣，特别是与他们所学的科学课中的内容有联系的科普演讲，会令他们更喜欢一些。由于他们年龄小，阅历简单，从而更喜欢简单有趣的科学知识，如一只蚂蚁、一只蝴蝶、一条小虫子，在成人看来毫不起眼的事物，在他们眼中都充满了神秘。对他们的科普演讲要贴近他们的关注点和兴趣点，找出他们喜欢的选题进行演讲。

科普演讲者要针对小学生的特点，在演讲时主要以启发、引导的方式，把他们引领进科学的殿堂。演讲时语速要注意平稳缓慢，态度要和蔼亲切。通过讲故事、说事例、做实验等方式，吸引他们的注意力。有些小学生通过多种渠道接触到了一些与科学有关的知识，但其中有些可能是片面的、似是而非的，甚至是理解错误的，这些都需要演讲者在科普演讲时加以纠正和引导。

另一方面，小学阶段正是逐步认识世界，树立人生观、价值观和世界观的时候，科普演讲虽然是讲科学知识，但演讲者也应该承担起“育人”的职责。要通过演讲引导小学生树立学科学、爱科学、用科学的理念。在科普演讲中可多穿插一些科学家为祖国做出贡献的感人事迹，以此激励小学生们的科学梦想。

（二）中学生

中学生正处在求知欲最旺盛的时期，他们对科学知识充满了好奇和渴望。在学校他们需要学习与科学相关的课程，这是实施科普演讲的一个重要结合点。在选择科普演讲题目时尽可能与其所学课堂内容相吻合或者接近，这样会使其更容易掌握和理解，起到相得益彰的效果。

中学生好胜心强，喜欢在同学们面前展现自己，演讲者可以充分利用这一特点，在演讲时，多采取提问式的方法，准备好演讲现场对学生提出的问题，让那些在现场比较活跃的“小科学迷”们积极回答问题，以他们的互动参与影响整个演讲现场的氛围，从而提高演讲的效果。

（三）大学生

大学生具有年轻好学，对新知识、新事物有深入探索和了解的渴求和愿望。

在大学生这个群体中进行科普演讲时，要注意抓住他们求知欲强的特点，精心设计演讲过程。特别是在演讲稿的撰写及演讲课件的制作方面，一定要注意针对大学生的特点去准备。因为他们经常听课，对各种类型的老师见得比较多，演讲者展示出的“水平高低”往往成为他们听课认真度的“调节器”。

对这一群体进行科普演讲，其内容要有一定的深度。因为大学生历经十多年的“寒窗”学习，知识比较丰富，一般性的科普知识他们都明白。如果把对小学生所讲的内容不进行提高和加工，就直接对大学生讲，显然很难满足他们对科学知识的需求。因此，演讲中要体现更有内涵的科学知识，不仅要让他们知道是什么，还要让其了解为什么，从而把他们引领到对科学的不懈追求和积极探索上来。当然，对大学生的科普演讲，通俗易懂仍然是必须的，演讲艺术也必须要积极贯穿其中。即便是大学生，也并不希望所听的科普知识难以理解。所以，科普演讲者的精心设计和认真准备是十分必要的。同一类科学知识的演讲，一定要有与中小学生有区别的“大学生版本”的演讲稿和课件。

针对不同职业群体的演讲对策

不同职业群体所需要的科学知识既有相同点，也有一定差异性。因此，科普演讲要树立“因群施教”的理念，要根据不同的群体去选择适合的内容和方式，不能一概而论。

（一）不同群体所需科普内容的差异性

不同的群体处于不同的社会环境中，承担着特定的社会分工。职业的长期积淀，使不同群体具备了不同的专业素质，这对科普演讲来说必然会产生一定的差异。

正是由于这种差异的存在，我们对不同职业群体实施科普演讲时，就必须要考虑这一群体专业的需求。如对工人群体，当然主要围绕与工业生产有关的先进科学技术进行科普演讲；对农民群体则主要围绕农业科学技术的话题演讲；军警人员群体主要围绕国防科技、国家安全科技等领域。其他群体同理。当然，各群体也有共性的科学话题，如健康科学，天文科学、地理科学、环境科学、生物科学、生活科学等，这些科学知识是每个群体都应该了解和熟悉的。但各群体迫切需要也更为实用的，还是与自身工作和生活相关的科学知识。

科普演讲者要充分认识这一共性和个性的差异。在实施科普演讲时，尽可能满足不同类别的群体对本专业科学知识学习掌握的需要，才能做到有的放矢，使科普内容达到有效的传递。

（二）针对不同群体采取相应的演讲方法

由于不同群体在科普演讲的内容上存在差异，且不同群体的行为素质又有很大不同，那么演讲的方法和技巧也应该有所不同。如军警人员有较强的组织纪律性，在听科普演讲时会集合站队，参加人员整齐统一，入场后坐姿端正，现场庄严安静。从他们的素质来看，即使不用过多地启发诱导，他们也会静静地专心听讲。此时，如果仅为了现场互动，不断地叫起听众回答问题，反而破坏了良好的环境氛围，演讲的整体效果也会受到影响。此时，行云流水地讲授内容，反而更能吸引住听众的注意力。

对工人、农民的科普演讲，更要贴近其生产实践中的科学知识需求，讲解一些“管用”的科普知识。不要过于追求“高大上”，去讲一些他们难以理解、不实用的内容。在条件允许的情况下，演讲中通过实验法来讲解某个科学原理，能够深化演讲内容，加深听讲者对内容的理解。

机关公务员一般来说文化程度相对较高，科学知识储备也比较厚实。对他们进行科普演讲，要注意科学知识与党和国家的政策融合，与当前的形势恰当地结合。如讲电子科学知识，就可以用美国对中国进行“芯片封锁”的例子，让大家了解芯片对国家安全的重要价值，在演讲现场形成一种对科学知识探究的“共鸣”氛围。

对社区居民进行科普演讲，受众的岁数都较大，到场时间也不一定会统一。演讲时主要以精美的电子课件来吸引他们，以精彩的讲解来打动受众，以自问自答来解释一些疑问，不必让老人回答问题，以免出现尴尬场面。

对其他人员的科普演讲，由于涉及面广，要随机应变，灵活应对。如对佛教界人士进行科普演讲，要严格遵守宗教政策，不能越过科学与宗教信仰之间的界线。在少数民族地区科普演讲，要遵守少数民族的民族风俗，演讲中不得有不利于民族团结的内容、言词和举动。

第三节
科普演讲的专业特点

人类有历史以来，已经积累了数不尽的科学知识。特别是近代工业革命以来，科学技术更是呈现出爆炸式发展的趋势。一个人穷其一生，也不可能了解其全部。即便是科学家，也往往是在精通自己本专业内科学知识的基础上，旁顾其他科学问题。科普演讲也同样如此。很难想象，科普演讲者能够在演讲中涉及全部科学领域。因此，科普演讲必须要结合受众的不同特点，依据演讲者个人的专业领域，在一定的专业科学知识的范畴内，确定科普演讲的内容。

科普演讲是为了向社会的不同群体传播广泛的科学知识，因此所涉及的科学知识具有专业知识类别多、范围广、内容丰富、相互交叉等特点。

第四节
科普演讲的受众与专业的关系

基于科普演讲的受众分类和鲜明特点，可以看出，科普演讲的受众类别较多，对科学知识的需求也不尽相同。科普演讲比较理想的状态是不同的受众与相应的专业相融合，这样才能使科普演讲的效果达到最大化。

受众需求是科普演讲的前提

把握受众的需求，重要的一点就是科普演讲的专业知识内容要与受众相对应。其基本原则：一是受众需要什么，科普演讲者就准备演讲什么，这样才达到有针对性地传播科学知识的目的。例如给中小学生演讲工业、农业的专业科学知识，与他们的感知力和理解力相差较远，难以收到好的效果。但给他们讲天文、地理，或者与其所学的物理、化学、生物等有密切联系的内容，就会使学生与演讲者产生“共鸣”，听演讲的兴趣就会大增。二是受众能接受什么，科普演讲就讲什么。要根据不同受众的科学知识基础和接受程度来确定演讲的内容。如果给小学生讲复杂的量子科学，显然是不合适的。但给成人的科普演讲中内容过于简单化，也会使其感到“不解渴”。三是受众适合什么演讲方式，就用什么方式。如在给大学生科普演讲时，结合内容进行一些公式推导，既能便于用数学和逻辑阐述问题，又增添了演讲的严密性和科学性，大学生也能够理解。但如果同样的内容给中小学生或者其他群体演讲，仍然沿用用复杂的公式推导，就会让受众感到难以理解而陷入困惑之中，其效果自然要打折扣。

事实上，科普演讲的不同受众在一定时间内所接受的科学知识是有限的。作为一场科普演讲来说，虽然比较理想的状态是所演讲的内容与受众的科学基础或专业知识相吻合，这样会使受众缩短与演讲者的距离，从而更容易接受和理解所演讲的科学内容。但实际的演讲实践中，很难遇上这种理想化的状态。有时受众反而对其专业之外的知识更感兴趣，这种现象也反映了人类对新奇事物追求的本性。在演讲前，大多数受众对所要演讲的科学知识是处于一种似懂非懂或者一知半解状态的，正因为如此，受众才愿意通过科普演讲，解开他们的困惑。这就需要演讲者认真分析受众的心理状态，以便有针对性地进行演讲准备。同时，要把科普演讲内容尽可能通俗化、简单化。从演讲实践看，接受科普演讲的不同群体，并不要求在一场演讲的有限时间内完全理解和彻底明白某一领域的科学知识，在很大程度上，听众只是需要大体了解一些知识，对内容听着明白，并能顺着演讲者的讲授思考问题。演讲者了解受众者的这一需求，才能有备而来，采取相应的演讲方法，达到科普演讲的目的。

科普演讲者的知识结构是确定演讲内容的关键

科普演讲有一个基本的要求，就是不同专业的科普演讲者要对本专业知识的科普演讲内容、方法轻车熟路。俗话说“隔行如隔山”，一个长期从事某一项科学工作的演讲者，要想演讲其他学科的知识，应该是属于“跨行”动作，在一定程度上很难成功。当然，个别相近的学科也不是不可能“跨界”。

另一个方面，科普演讲内容的选择，还要根据科普演讲者的专业知识结构来确定。一般说来，从事科普演讲工作的人员，尽管很多是从事科学工作的，但其往往是专注于某一领域的科学研究。如从事医学科学的专家，让其讲授量子科学，从事地质研究的科学家，让其讲机器人等，显然会使演讲者力不从心。所以，只能选择其长期从事的、比较熟悉的科学专业来进行演讲。从科普演讲的队伍来看，大部分是已经退出工作岗位的科学工作者，再让他们涉猎跨行业、超专业的知识，显然有一定的难度。为此，只有量才使用，量力而行，根据其专业选定科普演讲内容，才能把其熟悉的专业知识发挥到极致。

在科普演讲中，受众往往对演讲者的科学经历和研究成果非常感兴趣。这也成为吸引大家认真听演讲的主要原因。如一名地质学家来给听众讲地震科学，在演讲前介绍了其工作单位、职称、科研成果等，其在地质领域的权威性与专业性必然让大家肃然起敬，充满了期待的心情。这种现场氛围的营造，会使受众渴望听到最精彩的演讲内容的期待倶增，这在很大程度上会使科普演讲的效果达到最佳。

在科普演讲过程中，由于科普演讲时间的限制，演讲者往往只能在其浩繁的专业知识中抽取一小部分关键的、重要的知识来演讲。在一定程度上，是在演讲本专业知识的“折子戏”，很多知识只能一带而过。这种“蜻蜓点水”式的演讲，更需要科普演讲者精心准备，用更精炼但又能说明问题的演讲方式来传播科学知识。

参考文献

[1] 杨振宁 . 科学之美与艺术之美 [N]. 人民日报，2015-05-19(24).

[2] 安妮特·西蒙斯 . 故事思维 [M]. 江西人民出版社，2017.

[3] 马来平 . 科普理论要义：从科技哲学的角度看 [M]. 人民出版社，2016.

[4] 爱德华·威尔逊 . 知识大融通 [M]. 中信出版社，2016.